地质遗迹价值与地质公园建设

吴成基　郝俊卿　薛滨瑞　著

科 学 出 版 社

北 京

内 容 简 介

本书内容分为三大部分，第一部分介绍地质遗迹的基本概念、地质背景、基本属性，基于知识旅游的地质遗迹三重认知，地质遗迹成景，地质遗迹资源保护；第二部分介绍旅游地学学科构成体系、特点及研究内容；第三部分介绍地质公园规划、建设，展望地质公园、国家公园的融合及可持续发展。全书浅显易懂，在直观介绍具体地质遗迹及形成过程中普及相应的地质基本知识，辅以大量的照片和精美的彩图，图文并茂，科普知识性强。

本书既可作为高等院校相关专业本科生和研究生的参考书，又可作为从事旅游地学相关行业的研究人员、管理人员及旅游地学爱好者的参考书。

图书在版编目(CIP)数据

地质遗迹价值与地质公园建设/吴成基，郝俊卿，薛滨瑞著．—北京：科学出版社，2020．6

ISBN 978-7-03-060386-9

Ⅰ．①地…　Ⅱ．①吴…②郝…③薛…　Ⅲ．①区域地质-研究-中国②地质-国家公园-建设-研究-中国　Ⅳ．①P562②S759．93

中国版本图书馆 CIP 数据核字(2019)第 006887 号

责任编辑：周　炜　纪四稳 / 责任校对：王萌萌

责任印制：吴兆东 / 封面设计：陈　敬

科 学 出 版 社 出版

北京东黄城根北街 16 号

邮政编码：100717

http://www.sciencep.com

北京厚诚则铭印刷科技有限公司 印刷

科学出版社发行　各地新华书店经销

*

2020 年 6 月第　一　版　开本：720×1000 1/16

2023 年 1 月第二次印刷　印张：13 插页：5

字数：260 000

定价：118.00 元

(如有印装质量问题，我社负责调换)

序

我国于2000年启动国家地质公园申报和评审机制，如今已经走过了20个年头，成为推动全球地质公园发展的领头军。截至2017年12月，已在全国范围内批准建立了35处世界地质公园、207处国家地质公园。这些地质公园在保护地质遗产、普及地球科学知识、促进地方经济发展等方面取得了举世瞩目的成绩。同时，我国旅游地学经过30多年的发展，初步形成了旅游地学学科体系。

目前，地学旅游的高潮正在兴起。2015年我曾就开展地学旅游、加快地球科学知识的传播普及、提高全民族科学素质问题积极建言献策。为了开展地学旅游，需要从事旅游地学的研究者认真细致地对地质遗迹资源属性、地质遗迹景观成因、地质遗迹审美、地质遗迹保护与利用、地质遗迹研究的学科基础等问题进行深入探讨；对地质公园规划管理进行系统分析；特别是地学旅游时代的到来，要求从科学角度向大众普及地质景观之美。

可喜的是，陕西师范大学吴成基教授及其研究团队撰写的专著《地质遗迹价值与地质公园建设》即将出版。该书有三个特点：

一是论述角度新颖，研究内容全面。我和吴成基教授及其研究团队相识已经十多年，自1999年开始，他们专注于旅游地学的研究和教学。在作者多年从事地质遗迹和地质公园研究和实践的基础上，该书总结、疏理了旅游地学理论，对地质遗迹资源属性、地质遗迹景观成因、地质遗迹保护与利用、地质公园规划管理、解说系统及科普等都有系统而科学的论述。该书构思新颖，具有很强的系统性、科学性，同时还包括了前沿的旅游地学研究成果，把旅游地学的理论研究向地学旅游这一新的方向发展和引领。

二是案例丰富，实践价值突出。该书选用了大量典型的地质遗迹照片，将地质基本知识渗透于地质遗迹中；在地质公园解说系统中，论述了解说语言生动、针对性强的重要性，以使地质遗迹的介绍更加科学、具体、生动；引入了多个实践案例，使地质公园建设更具有可操作性，使旅游地学的理论研究与地质公园建设实践有机结合。

三是具有较强的科普性和趣味性。该书深入浅出地介绍了地质遗迹的基本属性，对地质遗迹的观赏美进行了科学分类，提出形态美、观赏美、奇特美、韵律美、动态美、静怡美、粗犷美、苍凉美等，语言生动流畅、形式活泼、通俗易懂，赋予了地质遗迹更多的旅游价值。

我国自古就有“读万卷书，行万里路”的良好传统。在今天人与自然和谐共生的生态文明建设背景下，地学旅游重新得到关注，是与地质遗迹保护和地质公园的建设紧密相关的。因此，该书对于发展旅游地学学科、普及地学教育、提升国民科学素养具有重要意义。

作为旅游地学和地质公园最早倡导人之一，我十分高兴推荐该书给全国广大的旅游地学工作者和爱好地学旅游的朋友阅读参考。

陈安泽

中国地质学会旅游地学与地质公园研究分会原副会长
中国地质科学院研究员
2020 年 3 月

前　言

联合国教科文组织、国际地质科学联合会和世界自然保护联盟于 1989 年在华盛顿制定了“全球地质及古生物遗址名录”计划，揭开了世界范围内地质遗迹保护的序幕。1997 年，联合国大会通过了联合国教科文组织提出的“促使各地具有特殊地质现象的景点形成全球性网络”计划，即联合国教科文组织地质公园计划。自计划实施以来，世界地质公园建设在全球得到了空前发展，截至 2019 年底，联合国教科文组织支持的世界地质公园网络共有 147 个成员，分布在全球 41 个国家和地区。其中我国分布有 39 个世界地质公园，约占全球世界地质公园的 1/4，就数量而言，领先于其他国家。2015 年，联合国教科文组织决定正式将世界地质公园纳入其组织名下，赋予其与世界自然、文化遗产同等重要的地位。

地质公园的建设不但使众多遭受自然或人为威胁的地质遗迹得到了很好的保护，而且地质公园为地方社会经济发展带来的效益也十分显著。其中，以地质遗迹保护开发研究为目标并引领地质公园建设的新兴交叉学科——旅游地学起到了至关重要的作用。经过 30 多年的发展，旅游地学以很强的综合性吸收了地质学、地理学、旅游学、自然资源学、生态学、地理信息系统、管理学等学科的研究内容，逐渐形成了自身的学科特点、研究目标、研究方向和研究方法。随着国家公园的兴起，作为理论指导的旅游地学学科发展更具必要性和紧迫性，构建学科属性和体系也已成为该学科发展的当务之急。

本书在旅游地学学科理论体系的框架下，将重点探讨地质遗迹本身的价值，明确提出地质遗迹的五大基本属性(科学性、典型性、稀有性、自然性和观赏性)以及地质遗迹的成景与保护，特别论述地质遗迹之美的含义和人们如何欣赏这种美。在此基础上，重点论述地质公园的规划、建设及可持续发展问题。

本书特色体现为两方面：一方面是充分结合地质公园实例，论述公园规划、地质遗迹保护等实践问题，探讨旅游地学的新认识和新探索，共同推动我国地质公园事业发展。例如，在旅游资源评价中加大了地质遗迹的赋分值和权重，从地质遗迹的五大基本属性进行评价，体现了地质公园中旅游资源评价的特殊性。又如，在地质公园规划中进行地质遗迹保护分区时，引入特殊地质遗迹保护地段(点)和在地质公园的景区划分中提出“科考景区”的概念。另一方面是在论述地质遗迹时，融入相关地质知识，以增强读者对地质遗迹的科学性认知。同时，本书以大量的实例和图片与文字论述相结合，图文并茂，通俗易懂。

希望本书通过介绍地质遗迹价值，使深奥的地学知识走向大众，普及地质科学，传播地学思想；通过对地质公园的论述，为地质公园管理水平提升、地质遗迹保护与利用关系协调提供经验借鉴；通过对旅游地学学科的系统阐述，为我国在知识旅游时代科学地开展旅游地学研究提供支撑。

本书由吴成基、郝俊卿、薛滨瑞撰写。其中，吴成基撰写第一章、第二章、第四章、第五章、第六章第一节至第六节，郝俊卿撰写第六章第七节和第八节、第七章、第九章第一节和第二节、第十章、第十一章，薛滨瑞撰写第八章、第九章第三节，张玲撰写第三章，孟彩萍撰写第九章第四节。全书由吴成基、郝俊卿、薛滨瑞统稿。

二十年的努力，二十年的总结，为本书的出版提供了充足的信心和理性思考，许多的专家、朋友与我们一起走过这段充满挑战和激情的岁月。感谢旅游地学创始人陈安泽研究员，中国地质科学院李廷栋院士，西北大学张国伟院士，长安大学高文义教授，他们对旅游地学学科高屋建瓴的思维辨识为本书的撰写提供了重要的指导。感谢旅游地学界同仁、各级地质公园及社会各界同仁的鼓励、支持与参与。感谢郭增盈先生、夏勤女士在美国国家公园考察期间的大力帮助。感谢家人、亲属的理解和支持。

本书是作者及其团队长期从事地质遗迹和地质公园的研究总结，是在系统整理旅游地学研究成果上的思想积淀，请旅游地学界同仁和广大地学旅游爱好者批评指正。

目　　录

第一章　地质遗迹的基本概念

第一节　地质遗迹是一种自然资源

地质遗迹(geological relics)是指在地球演化的漫长地质历史时期，由于内外动力地质作用，形成、发展并遗留下来的不可再生的地质自然遗产，具有珍贵性、罕见性、科学性和不可再生性等特点。地质遗迹是生态环境的重要组成部分，构成了自然环境的基本格架，是影响生物多样性的基本要素[1,2]。地质遗迹包括有重大观赏和重要科学研究价值的地质地貌景观，有重要价值的地质剖面和构造形迹，古人类遗址、古生物化石遗迹，有特殊价值的矿物、岩石及其典型产地，有典型意义的地质灾害遗迹等。

资源是一切可被人类开发和利用的物质、能量和信息的总称，广泛地存在于自然界和人类社会中，是一种自然存在物并能够给人类带来财富。或者说，资源就是指自然界和人类社会中的一种可以用来创造物质财富和精神财富的、具有一定量的积累的客观存在形态，如土地资源、矿产资源、森林资源、海洋资源、石油资源、人力资源、信息资源等。资源可分为自然资源和人文资源两种类型。

地质遗迹不一定都具有直接经济性，但都具有科学研究、教学、科普教育、灾害及环境教育、启智教育等潜在价值。其中的地质地貌景观、重要古人类遗址及自然灾害遗迹等可能由于其重要性、奇特性、美观性及教育意义而成为重要旅游资源。山水风光欣赏是广大旅游者特别是青少年十分热衷的旅游活动，而山水风光中绝大部分是地质遗迹或与之有关的自然景观。据作者统计，我国 119 个国家级风景名胜区中(前三批)含重要地质遗迹的景区数量占到 50%。

由此可见，地质遗迹由于其可利用性而具有了资源属性[3]。从这个意义上讲，地质遗迹本质上就是一种自然资源，即地质遗迹资源。只是由于二者的内容基本一致，人们一般对这两个概念不加区分。

一、地质遗迹具有自然资源的基本特征

1）可利用性

可利用性是指可以被人们利用的性质或属性，这是自然资源的基本属性。自然资源通常具有多种用途，也就是具有多功能性，自然资源的可利用性与稀缺性有

极密切的关系。地质遗迹则以其科学性、典型性、稀有性、自然性和观赏性同样可为科研和科普教育、旅游服务。

2）整体性和个体性的统一

各种自然资源不是孤立存在的，而是相互联系、相互影响、相互制约的复杂系统[4]。在这个系统中，每种资源都可以彼此独立存在，都有其个性。每一种地质遗迹资源都存在于整个资源系统中，黄土塬、黄土梁、黄土峁乃至黄土地层地质遗迹各自以鲜明的个体特征存在于黄土高原自然地理系统中，其形成和存在形式与整个黄土高原的地壳运动、气候、水文、植被以及流水和风的侵蚀、堆积关系十分密切，黄土高原地貌及赋存的矿产资源就是在上述要素的综合作用下发育形成的。

3）时空性

受地质、地貌等自然地理因素的制约，不同地质遗迹分布在特定地域。沙漠、黄土、戈壁、雅丹地貌等分布在全球的干旱、半干旱地区，岩溶地质遗迹最常见于温带、亚热带，火山、熔岩、地震地质遗迹则伴随着地壳活动地带分布。地质遗迹又具有时间性，形成于地质历史的不同时期，因此每一种地质遗迹都可以追溯至其形成的时间。其中最典型的例子就是标准地层类地质遗迹（金钉子），层层连续沉积的地层记录的是某段不间断岁月的沉积历史。化石类地质遗迹则更是研究地质时代的有力帮手，特定的古生物存在于特定的年代，据此可以确定化石载体地层的年代。如恐龙生活在三叠纪—侏罗纪，而腕足类化石中国石燕则是中国南方晚泥盆世的标准化石，某种含有该化石的地层，其年代就是晚泥盆世。

二、地质遗迹自身的特点

1）两重性

地质遗迹的两重性体现在：一是大多数地质遗迹均可作为旅游（确切说是地学旅游）资源观赏；二是地质遗迹作为某种地质作用的结果可以追索地质作用进而恢复地质发展的历史，具有科学研究价值。

地质遗迹是人与自然大系统中的一个子系统，人们对地质遗迹的独特属性认识是一个逐步发展的过程，多数是将地质遗迹作为旅游资源观赏，而对地质遗迹的重大科学意义视而不见。游人去嵩山，大多是去欣赏山之美景；去少林寺，更多关注的是少林武艺。就这层意义来说，人们只是认为嵩山就是一座普通的山，没有几个人会细心关注这座承载着佛教文明的中原名山的身世来源，这也就是常人眼中的旅游资源。其实真正引起科学界关注的则是嵩山的“五世同堂”（前寒武纪、早古生代、晚古生代、中生代、新生代地层汇聚一堂）和三次地壳运动（嵩阳运动、中岳运动和少林运动）。如此认知，则可以说抓住了嵩山的地质本质，是从科学上对嵩山的解读，嵩山地质遗迹不仅仅具有景观价值，更具有在研究中国地质历史变迁上的重要地位，因而是重要的地质遗迹。这里从一般游客认知到深度认知有个不断递进的过程。

只有深入认识并正确处理一种资源子系统与其他子系统之间的关系，人类才能高效利用这种资源[5]。地质遗迹就其物质性而言是有限的，然而人类认识、利用这种资源的潜在能力是无限的。人们去陕西翠华山旅游，乘船荡漾在秦岭天池的湖光山色之中，不会想到这个高山湖泊的来龙去脉。但是当游客得知秦岭的这颗高山明珠居然是山崩堰塞湖时，感受肯定不一样，通过了解它的科学成因引发一系列的对秦岭亿万年地质幽幽岁月的无限遐思，更感叹大自然的鬼斧神工，增添对大自然的敬畏之感，只有当游客达到如此的认识高度时，才能充分体现出这种地质遗迹的真正价值。

2）相关性

地质遗迹是地质环境的组成部分。地质遗迹是大自然的重要组成要素，是构成自然环境的基础，体现出与环境的相关性。从狭义角度考虑，并不是地质环境的任何一处都可称为地质遗迹，地质遗迹以点、线、微斑块比较稀有地镶嵌分布于地质环境中，因而有"地质环境演变窗口"之称。同时，研究地质遗迹、保护与利用地质遗迹也离不开对其地质环境大背景的认识。例如，洛川黄土地层地质遗迹的载体是黄土高原，研究黄土地层的目的是分析黄土高原的发展历史；从保护角度，还需分析黄土的坡面流水侵蚀作用的特征。

此外，大部分地质遗迹以其展示的形态、色彩、结构等特征与旅游、审美具有相关性，因为不同形态、色彩的地质遗迹会给人们不同的美感体验。

3）地域性

任何地质遗迹都是特定地理和地质环境的产物，因此具有一定的地域性。干旱地区地质遗迹主要表现为沙漠、戈壁、黄土；中国云贵高原石灰岩发育区喀斯特地质遗迹集中分布；全球板块运动活跃地区如环太平洋带广泛分布着火山地质遗迹及景观；云南新构造运动剧烈地区地热地质遗迹为一大特色；四川西部的中国第二阶梯地形则地震频繁，那里有众多地震地质遗迹；丹霞地貌地质遗迹只见于中生代红色砂岩、砂砾岩分布区。地质遗迹的地域性使大部分地质遗迹具有不可移动的特点，若将这些地质遗迹移至别处，则会失去其原真性。比较特殊的是，岩石矿物类地质遗迹标本可以移往别处展示。

4）普遍性

地质遗迹是构成自然界的重要因素，无论是在自然界还是在人类社会生活的方方面面，都可以直接或间接感受到地质遗迹的存在，它深刻地影响着人类社会的发展。人类自古以来不断从自然界获取各种矿产资源并加以利用，极大地促进了社会进步，从最早的石器时代、青铜器时代、铁器时代直至今天的高科技信息化时代，都离不开地质遗迹相伴。就旅游而言，自然风景旅游自不待言，而大量的人文景观也借助地质遗迹造势，乐山大佛就是岩石为红色砂岩的山崖绝壁，以山势显示神威；洛阳龙门石窟在砂岩上雕琢而成，体现出古代人们的信仰；乾陵的武则天和李治合葬墓以石灰岩山体为冢，更彰显皇权的威严。可以说，人文旅游资源中处处有地质遗迹的符号。

5）社会性

地质遗迹是一种自然资源，其展现的自然景观则是人们开展自然风景旅游的客体。作为一种资源，地质遗迹终归要被人们利用，要为人类社会服务，地质遗迹的社会性表现在以下方面。

（1）地质遗迹通过地学旅游活动进入社会，可以通过观赏地质遗迹美景认识地学，引导人们看懂山水，理解地质遗迹景观体现的特殊之美及深刻的科学寓意，增加科学知识。目前，以地质遗迹科普为切入点，通过开展地学旅游，增加社会各界特别是青少年群体的自然科学知识，更好地认识人们生存的地球，保护地球并与之和谐相处的活动正在全国兴起。

（2）地质遗迹可以陶冶情操。“人知游山乐，不知游山学。人生天地间，息息宜通天地籥……游山浅，见山肤泽，游山深，见山魂魄。”此为晚清思想家、文学家魏源的《游山吟》。这里魏源强调的是地质遗迹对人的精神的影响。的确，如果你只是匆匆一过，那么对自然景观不可能有很深的体会，达不到心灵的愉悦，只有静下心来，细细欣赏感悟地质遗迹，才会有心灵的相通。虽然很多人都去登山，但并非每个人都会有心灵的感悟，同一座山，不同季节有不同的景色，春山一片生机，夏山郁郁葱葱，秋山红叶似海，冬山冰莹透彻，面对不同的景色，我们心灵的感悟是不一样的。

（3）地质遗迹的利用将有力地促进属地经济发展。目前对于地质遗迹的保护与利用，人们找到了一种好的形式，即建设地质公园。利用地质公园开展地学旅游，使地质遗迹给周边乡镇带来可观的经济收入，也成为我国乡村脱贫致富、精准扶贫的一种重要方式。例如，河南云台山地质遗迹的开发利用，使得原来以煤炭为主的工矿城市变为以旅游产业为主的城市，仅 2017 年国庆期间，该景区收入达到 4139 万元，使属地餐饮、住宿、交通等行业的收入剧增。

在陕西汉中黎坪国家地质公园，当地乡镇借助公园的建设发展，将旅游业作为全镇新的支撑产业，大量劳动力转移到旅游服务、公园建设用工等方面，农家乐、乡村民俗旅游、养殖园等正在兴起。特别是农家乐应运而生，2011～2016 年由政府和公园共同投资兴办农家乐 26 户。在每年夏季，游客蜂拥而至，民宿成为游客住宿首选。2016 年黎坪全镇完成旅游接待人数 36 万人次，旅游经济总收入达到 2.49 亿元，旅游业成为镇域经济的主要支柱。

第二节　地质遗迹是旅游审美的对象

当前，人们对自然旅游景观的兴趣浓厚，自然旅游景观的实际欣赏对象就是由各种地质地貌配以水体、森林、气象等自然地理背景构成的生动活泼的景观。可以说，自然旅游景观的主体就是地质遗迹，这样，地质遗迹实际上已经成为人们的观赏对象。

地质遗迹是审美的对象之一。应正确理解这种美，它不仅体现艺术造型之美，而且还体现在地质体在科学上的典型性、稀有性，体现在它与环境的协调以及它所能唤起的人们的遐想和理性思维，给人们以哲理的启示。张家界世界地质公园包含砂岩峰林、方山台寨、天桥石门、障谷沟壑、岩溶峡谷、岩溶洞穴、泉水瀑布、溪流湖泊以及沉积、构造、地层剖面、生物化石等丰富多彩的地质遗迹，其千姿百态、变幻莫测的地貌景观十分吸引游客。宝石是岩石中最美丽而贵重的一类，它们颜色鲜艳，质地晶莹，光泽灿烂，坚硬耐久。因此，石头也是一种文化，可以寓情、可以寓德、可以使人神游其中。可以说，地质遗迹之美造就了大自然之美。

地质遗迹要创造经济价值和扩大社会影响，必须具有旅游观赏价值，纯科学的地质体不能引起大众的兴趣。当前世界范围内的旅游事业蓬勃发展，应充分利用旅游的媒介作用，尽可能地将地质遗迹的观赏性与科学性相结合，开展以地质遗迹为主体的地学旅游活动。

第三节　地质遗迹类型

目前，许多学者对地质遗迹进行了分类研究[6,7]。

根据原国土资源部《国家地质公园规划编制技术要求》的划分，我国地质遗迹主要分为七大类，包括地质剖面大类、地质构造大类、古生物大类、矿物与矿床大类、地貌景观大类、水体景观大类和环境地质遗迹景观大类（表 1.1）。

表 1.1　地质遗迹类型划分表

大类	类	亚类
一、地质(体、层)剖面大类	1. 地层剖面	(1)全球界线层型剖面(金钉子)
		(2)全国性标准剖面
		(3)区域性标准剖面
		(4)地方性标准剖面
	2. 岩浆岩(体)剖面	(5)典型基、超基性岩体(剖面)
		(6)典型中性岩体(剖面)
		(7)典型酸性岩体(剖面)
		(8)典型碱性岩体(剖面)
	3. 变质岩相剖面	(9)典型接触变质带剖面
		(10)典型热动力变质带剖面
		(11)典型混合岩化变质带剖面
		(12)典型高、超高压变质带剖面
	4. 沉积岩相剖面	(13)典型沉积岩相剖面
二、地质构造大类	5. 构造形迹	(14)全球(巨型)构造
		(15)区域(大型)构造
		(16)中小型构造
三、古生物大类	6. 古人类	(17)古人类化石
		(18)古人类活动遗迹
	7. 古动物	(19)古无脊椎动物
		(20)古脊椎动物
	8. 古植物	(21)古植物
	9. 古生物遗迹	(22)古生物活动遗迹
四、矿物与矿床大类	10. 典型矿物产地	(23)典型矿物产地
	11. 典型矿床	(24)典型金属矿床
		(25)典型非金属矿床
		(26)典型能源矿床

续表

大类	类	亚类
五、地貌景观大类	12.岩石地貌景观	(27)花岗岩地貌景观
		(28)碎屑岩地貌景观
		(29)可溶岩地貌(喀斯特地貌)景观
		(30)黄土地貌景观
		(31)砂积地貌景观
	13.火山地貌景观	(32)火山机构地貌景观
		(33)火山熔岩地貌景观
		(34)火山碎屑堆积地貌景观
	14.冰川地貌景观	(35)冰川刨蚀地貌景观
		(36)冰川堆积地貌景观
		(37)冰缘地貌景观
	15.流水地貌景观	(38)流水侵蚀地貌景观
		(39)流水堆积地貌景观
	16.海蚀海积景观	(40)海蚀地貌景观
		(41)海积地貌景观
	17.构造地貌景观	(42)构造地貌景观
六、水体景观大类	18.泉水景观	(43)温(热)泉景观
		(44)冷泉景观
	19.湖沼景观	(45)湖泊景观
		(46)沼泽湿地景观
	20.河流景观	(47)风景河段
	21.瀑布景观	(48)瀑布景观
七、环境地质遗迹景观大类	22.地震遗迹景观	(49)古地震遗迹景观
		(50)近代地震遗迹景观
	23.陨石冲击遗迹景观	(51)陨石冲击遗迹景观
	24.地质灾害遗迹景观	(52)山体崩塌遗迹景观
		(53)滑坡遗迹景观
		(54)泥石流遗迹景观
		(55)地裂与地面沉降遗迹景观
	25.采矿遗迹景观	(56)采矿遗迹景观

为全面掌握我国地质遗迹分布情况，建立数据库，深化典型地质遗迹发展规律，2008 年以来，中国地质环境监测院在全国范围内进行了地质遗迹调查工作，其中标志性成果之一是编制了行业标准《地质遗迹调查规范》(DZ/T 0303—2017)，已经由国土资源部正式发布，于 2017 年 5 月 1 日起实施。《地质遗迹调查规范》(DZ/T 0303—2017)结合地质学科分类及地质遗迹的成因、自然属性等，提出了地质遗迹分类方案[8]，分为基础地质、地貌景观和地质灾害 3 个大类，地层剖面、岩石剖面、构造剖面、重要化石产地、重要岩矿石产地、岩土体地貌、小体地貌、火山地貌、冰川地貌、海岸地貌、构造地貌、地震遗迹和地质灾害遗迹共 13 个类，再细分为 46 个亚类。

参考文献

[1]《地球科学大辞典》编委会. 地球科学大辞典[M]. 北京：地质出版社，2005.

[2] 许涛，孙洪艳，田明中. 地质遗产的概念及其分类体系[J]. 地球学报，2011，32(2)：211-216.

[3] 彭永祥，吴成基. 地质遗迹资源及其保护与利用的协调性问题——以陕西省为例[J]. 资源科学，2004，28(1)：69-75.

[4] 蔡运龙. 自然资源学原理[M]. 北京：科学出版社，2011.

[5] 路桂景，刘鸿福. 浅谈地质遗迹的保护[J]. 科技情报开发与经济，2008，18(29)：226-227.

[6] 赵若彤. 中国地质遗迹资源分类研究现状[J]. 科技创新导报，2018，(12)：135-136.

[7] 赵汀，赵逊. 地质遗迹分类学及其应用[J]. 地球学报，2009，30(3)：309-324.

[8] 中华人民共和国国土资源部. DZ/T 0303—2017　地质遗迹调查规范. 北京：中国标准出版社，2017.

第二章　地质遗迹的地质背景

对地质遗迹的认知和研究，必须建立在熟悉相关地质知识的基础上，这样才能深刻认知地质遗迹所包含的科学意义和特殊的美，本章在介绍最基本地质知识的基础上分析地质遗迹成因及其地质背景。

第一节　地 质 作 用

地质遗迹形成于不同的地质环境之中，其形成的动力来源于地质作用。

在地质营力影响下，促使地质环境不断形成和变化的各种作用统称为地质作用，如由昼夜温差作用引起的物理风化，由水的侵蚀搬运作用引起的水土流失、河床淤积，以及由构造运动造成岩层的褶皱断裂，这都是不同地质作用的结果。按照地质营力的不同将地质作用分为三种：内力地质作用、外力地质作用和人为地质作用。

一、内力地质作用

内力地质作用是由地球自转、重力和放射性元素的蜕变等能量在地壳深处产生的动力对地球内部及地表的作用，又称为内生地质作用。地壳的各种构造运动、地震、岩浆活动、变质作用都属于内力地质作用。岩层的各种褶皱构造，断层活动引起的岩层错动、地面变形，活动性大断裂引起的地震，火山爆发，由地应力的突然释放引起的岩爆，断层的连通形成的坑道涌水及地下热害等也属于内力地质作用。

内力地质作用通过内生成矿方式形成铁、铜、铅、锌、钨、锡、钼、金、铀、石英、云母等大量的金属、非金属矿藏。

二、外力地质作用

外力地质作用由地球以外的能量引起，是大气、水和生物在太阳辐射、重力和日月引力的影响下产生的地质营力对地壳表层所进行的各种地质作用，因此又称为表生地质作用。外力地质作用具体表现为风化、剥蚀、搬运、沉积和成岩作用等。地壳上沉积岩的形成很好地体现了外力地质作用的过程。

每一种外力地质作用因素只有在特定的气候等自然地理条件下才得以发育。众所周知，流水冲刷侵蚀在雨季特别是汛期或融雪期最强烈；极为干旱的内陆沙漠、戈壁是风力侵蚀作用的场所。

外力地质作用的种类与地质地貌因素有关。滑坡常见于切割剧烈的山区，裂隙发育或风化强的岩层分布区，或者活动性的断裂带、岩层临空面发育的地区；典型的崩塌常见于由坚硬、半坚硬岩层构成的陡峭的边坡；泥石流常见于有大量松散堆积物的沟谷中；冻融作用多发生在高寒山区；溶蚀作用多发生在碳酸盐岩地区；湿陷作用仅发生于黄土地区。

外力地质作用有时会引起一系列不良环境地质问题，主要的灾害有崩塌、滑坡、泥石流、水土流失、风沙与沙漠化、地下水污染等。

外力地质作用通过外生成矿方式形成铁、锰、铝、镍、高岭土、砂金、盐类等矿藏。

三、人为地质作用

人为地质作用是人类对地质环境的一种主动干预，分为正面干预和负面干预。水土保持、防风固沙林、防洪堤坝、水库、挡土墙、控制废弃物乱堆乱放、控制超采地下水的各种工程措施，使地质环境在一定范围内向良性方向发展，这是一种正面的影响。但人为地质作用的负面影响也越来越严重，其直接参与岩石的风化及地貌形态的破坏过程，如开挖土方时的爆破、削坡等工程活动使岩体松动；裂隙增多，促使物理风化作用发生，形成崩塌、泻溜；人类的陡坡耕种，乱垦滥伐，造成严重的水土流失。现在人为地质作用对地质环境的影响，其规模和后果完全可以和自然地质作用相提并论，因此受到地质界广泛关注。

三种地质作用及过程不是孤立存在的，它们之间有密切的关系，内力地质作用引起海陆变迁、岩浆活动、地震，形成高山盆地，试图加大地势高差；外力地质作用则努力通过各种侵蚀、搬运、堆积力图削弱这种地势的高低悬殊，削高填平，减小地势起伏。它们是一对辩证统一体，没有外力地质作用则地势高差越来越悬殊，地球上不见大川平原；没有内力地质作用，则地球上全是一马平川，地形景观单调无奇。随着科学技术的发展人为地质作用的影响越来越大，也影响着外力地质作用和内力地质作用的发生强度和作用方式，三者相互对立又互为依存，缺一不可，这种地质作用的对立统一是推动地球历史发展的动力。地质作用使地球的地貌复杂多样，人类也得以欣赏到如此丰富多彩的山水景观。地质作用的分类如图 2.1 所示。

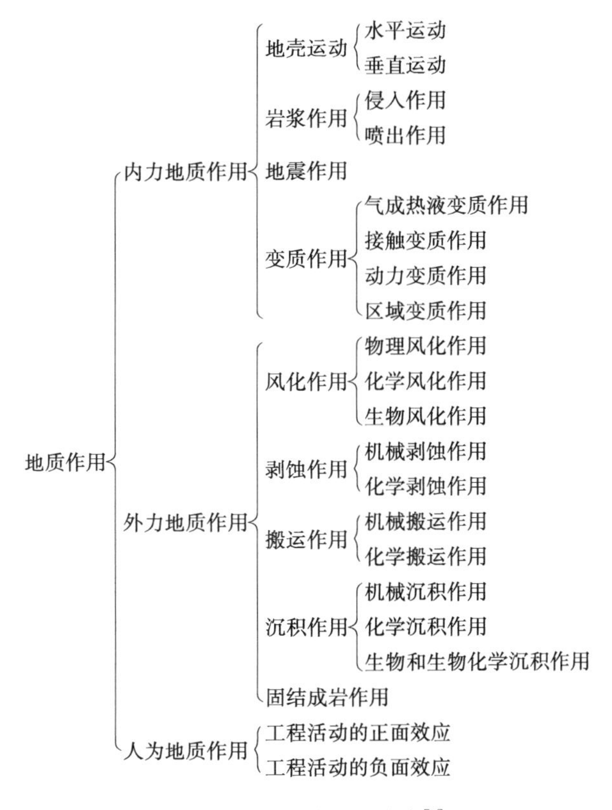

图 2.1　地质作用的分类[1]

第二节　地质作用和地质遗迹的关系

地质作用和地质遗迹的关系十分密切。地质作用存在于地球的任何地方并发生在任何时间,可谓无时不有,无处不有。地球上的任何一种地质遗迹都是某种地质作用或者是几种地质作用联合影响的结果。内力地质作用作为推动地球历史发展的动力,更是地质遗迹形成的根本,二者关系非常密切。

一、内力地质作用直接形成地质遗迹

(一) 内力地质作用形成的矿物

矿物是地壳中的化学元素在某种地质作用下形成的具有一定物理性质和化学性质的单质和化合物(图 2.2)。矿物或以其晶莹透亮鲜艳而光耀四射,或以其奇特的结构构造夺人眼球,或常因各种地质作用使有用元素富集形成可供人们利用的矿产资源,它们大多数形成于内力地质作用。

(a) 黄铁矿晶体

(b) 金刚石晶体

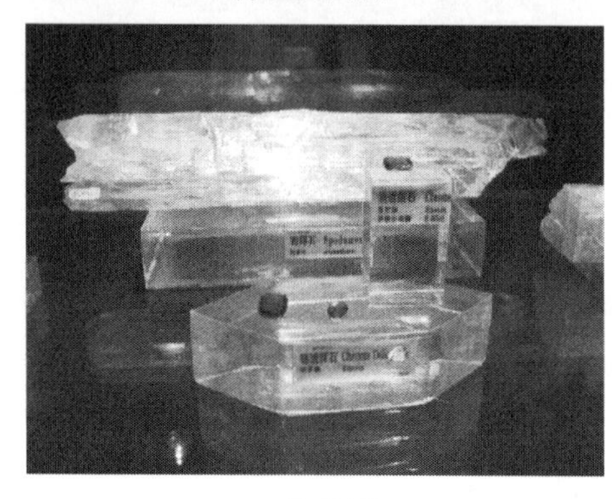

(c) 辉石晶体

(d) 方解石集合体

图 2.2　部分矿物晶体(中国地质博物馆)

(二) 内力地质作用形成的岩石

岩石是一种或多种矿物的集合体,例如,花岗岩是由石英、长石和云母构成的。自然界的岩石数量众多,千姿百态,但综合起来可分为三大类:岩浆岩、沉积岩和变质岩。其中岩浆岩和变质岩的形成是内力地质作用的结果。

岩浆岩又称火成岩。岩浆形成后不断向上运移的过程就是岩浆活动,岩浆冷凝后就形成岩浆岩。岩浆岩分为侵入岩和喷出岩两种类型,地下岩浆沿断层或地壳破碎软弱带向上运移,在地表较深处冷凝固结形成侵入岩,地球上分布最广的侵入岩是花岗岩;岩浆沿一定的通道喷出地表,即火山喷发(图 2.3),喷出的岩浆流在地表或接近地表冷凝形成喷出岩,玄武岩是最常见的喷出岩。

岩浆岩种类繁多,分布最广的是花岗岩,其可以形成不同形态的地质景观,和火山景观一起,具有重要的地学旅游价值。地球上最常见的有以下岩浆岩,如图 2.4 所示。

(a) 火山喷发　(b) 火山口
(c) 岩浆1　(d) 岩浆2
(e) 喷出蒸汽的夏威夷火山　(f) 夏威夷的新鲜皮壳熔岩
(g) 夏威夷绳状熔岩　(h) 夏威夷岩浆倾泻入大洋

图 2.3　火山及熔岩

(a) 花岗岩(酸性深成侵入岩)

(b) 流纹岩(酸性喷出岩)

(c) 闪长岩(中性深成侵入岩)

(d) 安山岩(中性喷出岩)

(e) 辉长岩(基性深成侵入岩)

(f) 辉绿岩(基性浅成侵入岩)

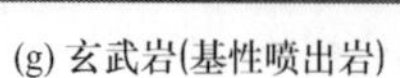

(g) 玄武岩(基性喷出岩)

(h) 橄榄岩

图 2.4　主要的岩浆岩

一些简单实用的方法可以帮助人们辨认岩浆岩[2,3]。岩浆岩一般分布于中高山区，有火山活动的地区会有玄武岩、流纹岩。二氧化硅的含量与岩石颜色有关，二氧化硅含量多，岩浆岩的颜色就淡，是花岗岩；颜色中等的可能是闪长岩或安山岩；颜色深的可能是玄武岩、辉长岩、辉绿岩、辉岩、橄榄岩。粗颗粒的、肉眼可见矿物的为花岗岩、花岗闪长岩、辉长岩；细颗粒或肉眼不可见矿物的为玄武岩、流纹岩和安山岩。花岗岩成景作用十分重要并分布广泛，华山、黄山、雁荡山等著名的风景区都是花岗岩形成的景观。

变质岩是地壳中原来已存在的母岩（沉积岩、岩浆岩、先期形成的变质岩），由于温度、压力及所处的化学环境等条件的改变，在基本是固态状态下发生矿物成分、结构构造或化学成分的变化形成的岩石。常见的变质岩如图 2.5 所示。

一些简单实用的方法可以帮助人们辨认变质岩。变质岩一般分布于中高山地区，有特殊的结构构造，如常具有片理构造，即面上有丝绢光泽（绢云母片岩）或矿物晶体重结晶现象（大理岩上明显的方解石晶体）；具有变质矿物（石榴子石、石墨、绢云母、蛇纹石、滑石等）。板岩结构致密，较坚硬，用榔头敲击邦邦作响，山区居民房屋瓦片常用板岩。在秦岭古老的变质岩中有许多岩脉弯弯曲曲犹如龙飞凤舞，一些大理岩也可以形成溶洞景观或石林；泰山、嵩山、云台山的许多地质遗迹景观由变质岩构成。

(a) 大理岩

(b) 板岩

(c) 石英岩

(d) 云母片岩

(e) 千枚岩　(f) 蛇纹岩

(g) 片麻岩　(h) 云母石英片岩

图 2.5　常见的变质岩

（三）地壳运动

地壳运动是由地球内部原因引起地壳结构改变、地壳内部物质变位的构造运动。褶皱、断裂是地壳运动的重要地质遗迹，地质学上将其称为构造。

褶皱是岩层受地壳运动侧向挤压力而发生弯曲，但是连续完整性并未破坏，仍处于塑性变形阶段，所形成的一系列波状弯曲。其中的一个弯曲称为褶曲。地壳岩层褶皱十分普遍，凡是成层的岩石都会发育褶皱，形态复杂，规模大小不一，小到标本，大到巨大的褶皱山脉。褶曲基本类型有两种，即背斜和向斜。背斜是岩层向上的拱起弯曲，两侧岩层相背而倾；向斜是岩层向下的凹陷弯曲，两侧岩层相向而倾。典型完整的褶曲体现出一种和谐之美，具有观赏性(图 2.6)。

节理是岩层受力后达到断裂变形阶段形成的破裂面，破裂面两侧岩块仅有潜在破裂或没有明显发生位移。构造力作用下形成的节理已经属于断裂构造范畴。几乎在所有岩石中都可看到有规律、纵横交错的裂隙，就是节理。节理的长度、密度相差很悬殊，长的可达几十米，短的仅有几米，甚至几厘米；宽可达数十厘米或仅为微细裂缝，有的岩石上节理密度很大，有的则比较稀疏。沿着节理裂开的面称为节理面。

(a) 背斜构造(陕西商南金丝峡)

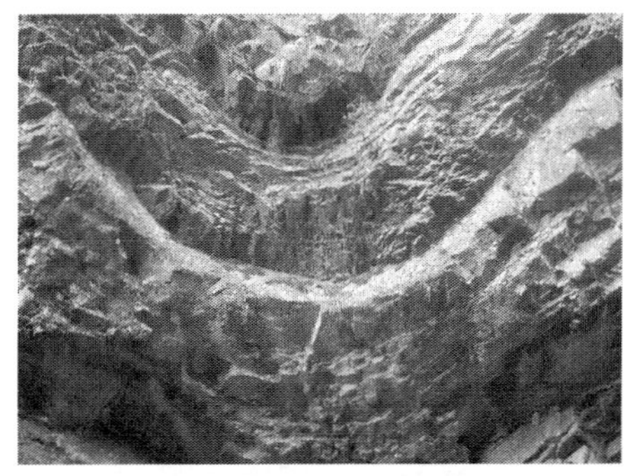
(b) 向斜构造(陕西商南金丝峡)

(c) 背斜构造(美国落基山)

(d) 褶皱构造(陕西岚皋)

图 2.6　褶皱构造

按照产生的力学性质,节理主要分为张节理和剪节理。张节理是岩石在张应力作用下产生的节理。张节理常具有如下特征:在岩石中延伸不远;多具有张开的裂口,面粗糙不平,中间大两端尖呈纺锤状,节理由矿脉填充。这些张节理使岩石具有美丽的图案可作为观赏石或装饰石材。在广西桂林,街道多用有大量张节理图案的石灰岩做铺路石材,颇有特色。

剪切力作用于岩石可产生一组或多组有规律分布的剪切节理(剪节理),此种节理笔直、面平整,常有两盘岩层错动形成的擦痕或摩擦镜面,单个节理延伸一般较远。

节理裂隙常常是后期岩浆灌入的通道。野外见到的许多先期形成的古老变质岩中会有很多线状的脉状体穿插其中形成奇特的岩石构造图案,就是后期岩浆以岩脉形成侵入的结果。在花岗岩峰林景观中,节理用于对宏观景观的再塑造,在微细处增添景观的美感度。地质遗迹景观中有一种很奇特的玄武岩六方柱状节理,似一根根柱子矗立在地面,蔚为壮观。这是在岩浆冷凝过程中由体积收缩形成的,具有很强的观赏性,在台湾澎湖、峨眉山金顶、浙江临海等地形成绝佳的旅游景观(图 2.7)。

断层是节理进一步发展的产物，断层使得岩层有明显位移，断开距离可能达到几米甚至数十、数百、上千公里，大的断层常造成两侧地貌的巨大反差，例如，秦岭北麓大断层就是秦岭山地和渭河平原的分界，在陕西华山可见一侧是高耸的华山山峰，一侧则是平坦向渭河倾斜的平原，宏观地貌景观气势非凡，显示大自然对地球的巨大改造力。活动断层是地震的发震构造，会在地貌上遗留下地壳运动的证据，这些都会成为很好的地质构造景观(图 2.7)。

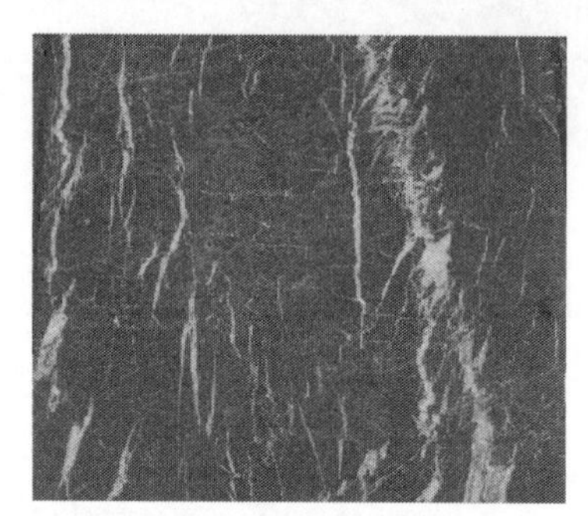

(a) 张节理(广西桂林)

(b) 剪节理(香港世界地质公园)

(c) 小断层(香港世界地质公园)

(d) 口镇关山大断层(陕西泾阳)

图 2.7　各种断裂构造

二、外力地质作用直接形成地质遗迹

外力地质作用的地质营力以水、风、二氧化碳、氧气、温度等为主，处于表生作用带。

(一) 外力地质作用形成沉积岩

沉积岩是岩石被风化剥蚀的产物，是火山物质、有机物质等原始物质，经流水、风、冰川等力量搬运到海洋、湖泊等合适场所沉积下来再经过固结形成的岩石。自然界常见的沉积岩有砾岩、砂岩、页岩、石灰岩、白云岩(图 2.8)。大多数沉积岩如机械沉积岩的形成经历了岩石的风化、剥蚀、搬运、沉积、成岩等阶段，也有部分沉积岩没有经过上述过程，如化学沉积岩是碳酸盐矿物直接结晶形成。在火山活动地区，火山喷发出的火山灰、碎屑物质则直接沉积，分别形成凝灰岩、火山碎屑岩。

张家界石林、云南石林、喀斯特溶洞、丹霞地貌等地质遗迹均由沉积岩构成。

(a) 砾岩　(b) 角砾岩　(c) 砂岩　(d) 火山角砾岩　(e) 泥岩　(f) 页岩　(g) 石灰岩　(h) 白云岩

图 2.8　各种沉积岩

（二）沉积岩的重要特征

沉积岩具有两个重要特征：一是有层理构造，二是含有化石。

层理是指沉积岩在形成时因为气候变化、水动力条件的改变，使得不同时期沉积的物质颜色、粗细均不同，形成垂直方向的层状分布特征，常见的有水平层理，其由许多呈直线状彼此平行于层面的细层组成，形成于较平静的水体中；斜层理由许多同方向倾斜的细层组成，形成于流动的水体中；交错层理则是细层方向相反的多层系层理，形成于水流方向动荡的环境中。这些层理不但可以说明沉积环境的变化，而且许多层理还具备观赏价值(图 2.9)。

(a) 水平微细层理

(b) 水平岩层构造(陕西清涧)

(c) 大型斜层理(陕西志丹)

图 2.9　岩石的层理

化石是保存在地层中的地质历史时期的生物遗体、遗迹(图 2.10)。人类对史前生命的了解要归功于化石，它让人们管窥到生命的形成和许多关于岩石、古地理的秘密。由于时代久远，绝大多数生物遗体已经石化。化石常保存在石灰岩、页岩、砂岩、泥岩中。因为某种化石仅存在于一定的历史阶段和环境中，可能成为标准的指代(时代)化石或指相(环境)化石，所以地质学家利用化石来确定沉积岩的年代和古地理环境，特别是在地球上分布广泛但演变迅速的生物化石。在青藏高原喜马拉雅山地区曾发现古生代海生无脊椎动物化石，有力地证明了早古生代时

(a) 三叶虫(中国地质博物馆)

(b) 中华震旦角石(中国地质大学博物馆)

(c) 菊石(中国地质博物馆)

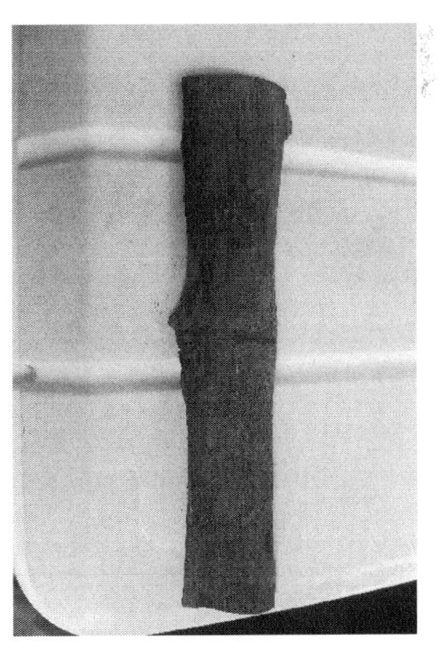

(d) 芦木茎化石(陕西清涧)

图 2.10　化石

这里是一片汪洋。三叶虫出现在早古生代，如在某种未知时代的地层中发现三叶虫化石，科学家就可断定该地层属于距今5.4亿～4.9亿年的寒武纪。腕足类化石中国石燕存在于南方晚泥盆纪时期，如果发现这些化石，那么能很快确定含有该化石的地层的时代是距今有3.72亿～3.54亿年的泥盆纪晚期。因此，化石是研究生物进化、确定地层时代、进行地层划分对比、恢复古地理环境极为重要的依据。

外力地质作用可以塑造地形或对内力形成的地质遗迹进行进一步雕琢。侵蚀和沉积不断进行，形成了大量地质遗迹景观。流水的侵蚀形成黄土高原的沟壑，流水化学溶蚀形成喀斯特溶洞、峰林峰丛等地貌景观，定向风沿着岩石一组节理方向不断吹蚀形成典型的一垄一槽的雅丹地貌，冰川刨蚀形成角峰刃脊等。秦岭高山冰缘地貌的石海堆积，分布广阔、大小混杂、呈尖棱状，很壮观。人们好奇是什么力量将这些石块堆积在这里，其实这是冻融作用造成的。这里地处寒冷的亚高山地带，昼夜温差大，岩石中有裂隙，其中含水，称为裂隙水，夜间低温使裂隙水结成冰，冰的膨胀对岩石裂隙两壁便产生巨大的压力使裂缝加宽加长；而当气温回升时，冰便融化，加于两壁的压力骤减，新的裂隙空间又为水所占据。在反复冻结和融化过程中，岩石的裂隙就会扩大、增多，以致石块被分割出来，这种作用称为冻融作用。就沉积而言，黄土地层是在百万年时间尺度内逐渐由风将中国西北沙漠戈壁的细小物质携带至下风方向一层层沉积所形成的。砂岩是风化作用中的石英长石等碎屑物质经搬运后在水盆地中沉积固结成岩；高寒山区的冻融作用形成风化石海；石灰岩是内陆风化物质携带来的含有钙离子和碳酸根离子的水溶液在滨海地带化学沉积的产物。地球形成后无不受到外力地质作用的侵蚀破坏，如此才有多姿多彩、形态各异的地貌景观(图2.11)。

沉积岩一般分布于平原、盆地、山间盆地和低山丘陵。如果岩石有清晰的成层构造或含化石，肯定是沉积岩(变质岩极少含有化石，变质岩也可能有变余层理，但结合其他特征可以区分)。沉积岩颗粒大至砾石，小至黏土粒，细颗粒岩有泥岩、页岩，中颗粒岩有砂岩，粗颗粒岩有砾岩。

(a) 风积黄土(中国陕西清涧)

(b) 岩溶峰丛(中国贵州安顺)

(c) 雅丹地貌(中国新疆罗布泊)

(d) 风蚀洞穴(中国广东韶关丹霞山世界地质公园)

(e) 劣地景观(美国Badlands国家公园)

(f) 彩丘(中国甘肃张掖丹霞国家地质公园)

(g) 冻融作用形成的石海(中国陕西秦岭冰晶顶)

(h) 冰川角峰、刃脊和槽谷(瑞士英格堡铁力士山)

图 2.11　外力地质作用形成的多彩地貌类型

三、内外力地质作用联合形成地质遗迹

实际上，单纯由外力地质作用或内力地质作用形成的地质遗迹并不多见，更多的地质遗迹景观则是内力地质作用和外力地质作用联合塑造的[4,5]。许多地质遗迹产生的缘由往往与地壳运动、岩浆活动有关，形成后一旦进入表生作用带，就会受水、氧气、温度等地质营力的作用，经历风化、剥蚀、搬运、沉积等阶段。外力地质作用如流水侵蚀、溶蚀，常会沿着地壳运动形成的构造断裂面对岩石造成破坏。从观赏角度，正因为有了这些破坏，才可以形成奇特的自然景观，张家界的砂岩峰林、

华山的陡峭花岗岩和黄山、九华山、克什克腾的花岗岩造型地貌在初期就是流水沿着这些构造断裂面不断侵蚀的结果。这样,起初形成的面貌就被后期的外力作用大大改变,大自然鬼斧神工的雕琢,造就了地球上各种各样的地貌形态,成为人们观赏的对象。例如,火山喷发形成的熔岩流、熔岩被,当成为观赏景观时,就已经经受了地壳表层外力的风化,所以我们看到的是内外力地质作用联合形成的地质综合体(图 2.12)。

(a) 花岗岩形成石林景观(陕西凤县)

(b) 花岗岩节理形成的“妙笔生辉”景观(安徽黄山)

图 2.12 节理塑造花岗岩景观

岩浆在冷凝时因体积收缩会形成柱状的节理,这是一种原生节理,不是地壳运动应力所为。玄武岩的六方柱状节理奇特壮观,图 2.13 是台湾澎湖的玄武岩原生节理。香港新界海岛、四川峨眉山金顶、江浙沿海一带均有这种景观。

图 2.13 玄武岩柱状节理景观(台湾澎湖)

实例 1 华山花岗岩地貌的形成。华山陡峻奇险,在中国花岗岩观赏地貌分类中独树一帜，以断壁悬崖为特征，被称为华山型花岗岩地貌[6]（图 2.14），它的形成很好地说明了内力地质作用和外力地质作用的联合影响。燕山运动时期华山地区岩浆侵入形成华山岩基，岩基顶部分叉成多个树枝状的岩株，秦岭山体的不断抬升和外力的风化剥蚀，使得山体在逐渐升高的同时又被外力塑造，这种外力的塑造是沿着先期的岩石节理发育的，当节理面近于直立陡峻时，水流顺着这些节理面不断下切侵蚀形成如今的陡峭山峰。

图 2.14　华山型花岗岩地貌

实例 2　黄河秦晋峡谷曲流（蛇曲）的形成。打开中国地图，可以看到在陕西和山西之间的黄河秦晋峡谷的延川县河段，黄河河道弯曲，恰似一条巨蛇左右摆动。这种异常弯曲摆动的河段在地貌学上称为曲流[7]，又称蛇曲。在陕北的清涧县、延川县的黄河及其支流，这种曲流分布很多，黄河最典型、壮观的曲流从北向南依次形成太极湾、漩涡湾、延水湾、伏寺湾、乾坤湾和清水湾。这些曲流构成我国干流河道上发育规模最大、最完好、最密集的大型深切嵌入式曲流地质遗迹群（图 2.15）。

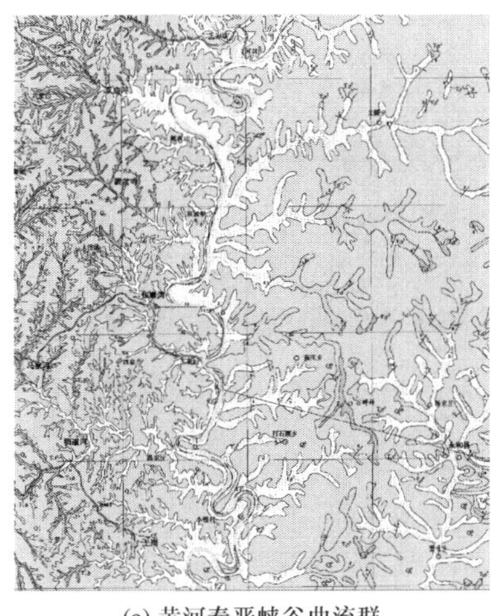

(a) 黄河秦晋峡谷曲流群

(b) 黄河太极湾曲流(陕西清涧)

(c) 无定河鱼儿峁曲流(陕西清涧)

(d) 黄河乾坤湾曲流(陕西延川)

图 2.15　秦晋峡谷和无定河峡谷的蛇曲

黄河曲流是怎样形成的？就大地构造背景[8]而言，此处属于华北地台中相对稳定的鄂尔多斯台坳，其东部由早期翘起演化到距今约 6500 万年的古近纪时开始向东南反倾，鄂尔多斯台坳南部的东部边缘成为台坳最低的地带，它的东部傍着上升的山西台背斜，在宏观的构造地形中这里是近南北向的低地。在 1000 多万年之前，这里是地势平坦、水网众多的世外桃源，在新构造运动中只经历平静的、以间歇性面状抬升为基调、上升幅度不大、相对稳定的构造运动的洗礼，为创造出极具特色的嵌入式曲流群体提供了得天独厚的地质环境。

在距今数十万年的中更新世黄河形成过程中，在地壳相对稳定时期河流因侧方侵蚀而不断摆动形成曲流雏形，之后由于地壳整体抬升，先期形成的曲流就被镶嵌在黄河快速下切侵蚀形成的峡谷之中。在漫长的地质岁月，河流在凹岸被强烈侵蚀，凸岸堆积，逐渐形成蜿蜒曲折状，当流水切穿曲流颈部形成新河槽后，河道即“截弯取直”[9](图 2.16(a))。

曲流是河流不断侧方侵蚀河床来回摆动所形成的地貌景观，空中俯瞰似蛇舞动，置身其间，流水环绕山头不肯离去，仿佛进入河流的迷宫(图 2.16(b))。陕西清涧县无定河的鱼儿峁，河水百转千古流，石壁千仞眼底收。无定河在这里形成了宽仅十余米的曲流颈。站在这里向两侧眺望，河流呈鸭蛋形环绕鱼儿峁，两侧河水流程达 4000 米之遥，又在这里以十余米的距离几近汇流，围绕的山体好似鱼的头部，故名鱼儿峁(图 2.15(c))。最终若干年之后河流侧方侵蚀将切穿曲流颈，鱼儿峁将形成壮观的离堆山地貌。这里河流深切，比高为 80～100 米，恰似无定河将它对陕北的爱深深地镌刻在峡谷中。崖壁岩石层层叠叠，似一部地质史书，等待着我们解读。

实例 3　陕西柞水溶洞国家地质公园的风洞硅板地质遗迹。风洞岩性为古生代白云岩和石灰岩，原岩均已被流水溶蚀，形成蚀余岩溶地貌。风洞地处构造部位为一倾伏背斜构造，在洞内的黄龙谷大厅明显出露背斜转折段部位，主要洞穴和支洞围绕背斜核部发育。在风洞口测得背斜南翼地层产状为 S180°∠42°。在垂直地层层面有一组密集的张裂隙(节理)特别发育，东西走向，倾角直立。根据地质力学观点，本组张裂隙是背斜核部特有的次一级纵向张节理，裂隙宽度为 1～5 厘米，一般为 1～1.5 厘米，所见裂隙均被石英贯入充填，形成石英脉。可见在背斜形成后，沿着次一级纵向张节理有大量的某次岩浆活动晚期的酸性残余岩浆贯入，残浆成分为二氧化硅，冷凝后结晶成全晶质-半晶质的石英集合体。当受到地下水的溶蚀时，岩石的其余部分均已被溶蚀掉，唯独裂隙中的石英(二氧化硅)因坚硬不溶故而突出得以保存，形成厚薄不一(几毫米至 2～3 厘米)、宽板状的硅质石板。这些密集分布、排列有序的硅板在我国溶洞中实属罕见(图 2.17)。

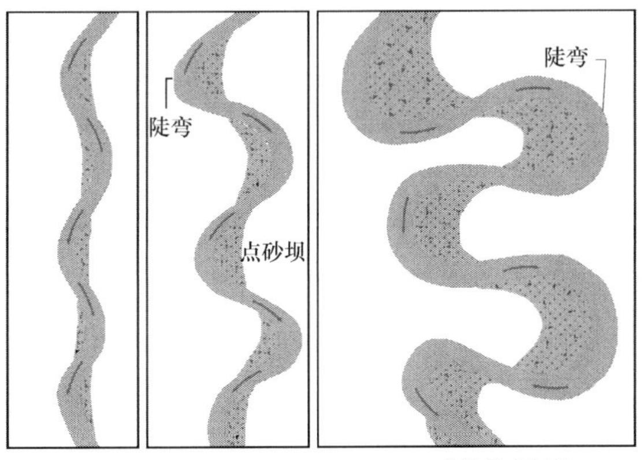

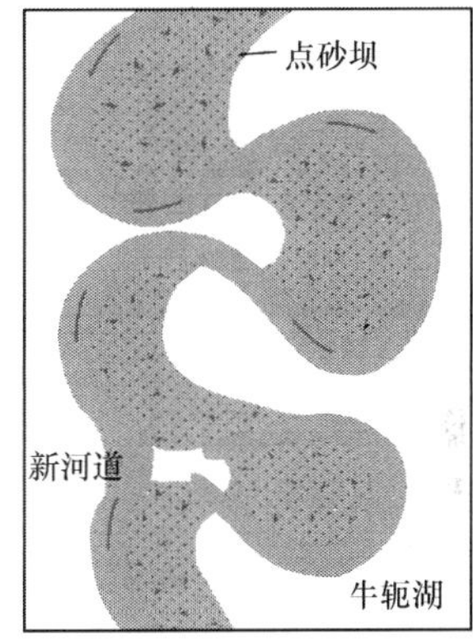

(a) 曲流发育过程

(b) 黄河曲流

图 2.16　河流曲流发育模式及曲线

(a)

(b)

图 2.17　溶蚀残余的硅板(陕西柞水溶洞国家地质公园风洞)

参 考 文 献

[1] 苏文才.地质学简明教程[M].上海:华东师范大学出版社,1989.
[2] 宋春青,邱维理,张振春.地质学基础[M].北京:高等教育出版社,2005.
[3] 罗伯特·琼斯,等.岩石与矿物[M].刘萱,译.沈阳:辽宁教育出版社,2000.
[4] 陈安泽,卢云亭,等.旅游地学概论[M].北京:北京大学出版社,1991.
[5] 辛建荣.旅游地学原理[M].北京:中国地质大学出版社,2006.
[6] 陈安泽.旅游地学大辞典[M].北京:科学出版社,2003.
[7] 陈安泽.中国花岗岩地貌景观若干问题讨论[J].地质论评,2007,53(S1):1-8.
[8] 陕西省地质调查院.中国区域地质志:陕西志[M].北京:地质出版社,2017.
[9] 史念海.史念海全集(7)[M].北京:人民出版社,2014.

第三章　基于知识旅游的地质遗迹景观三重认知

旅游发展到21世纪，作为旅游活动主体的旅游者更加重视知识与文化的学习及对旅游审美愉悦的追求。在这种时代背景下，相比于生态旅游、体验旅游等概念，一种能够更全面体现旅游本质及其时代特色的形式——知识旅游呼之欲出[1,2]。而我们对地质遗迹景观的认知就源于知识旅游的驱使。

第一节　知识旅游满足高层次的旅游需求

美国心理学家Maslow提出人类需求像阶梯一样从低到高按层次分为五种，分别是生理需求、安全需求、社交需求、尊重需求和自我实现需求，其中自我实现是人类的最高需求。这是一个没有终结的过程，要求不断自我超越和自我完善，犹如我国古代学者所提出的“修身”。先贤将“读万卷书，行万里路”作为修身路径，可见以“游”为形式，以“学”为目的的思想颇有历史渊源。知识旅游是旅游活动发展到较成熟阶段的产物，也是旅游者从早期的追求个人生理感官愉悦，到追求心灵愉悦，进一步发展到关爱整个自然的产物。知识旅游是人类社会情感的流露，也是旅游者自觉的自我完善，在注重旅游从业人员、旅游地居民、旅游地环境全面发展的同时，旅游者在知识旅游的过程中不只追求个人的感官愉悦，而是更注重群体、利他，从道德实现中获得精神愉悦。因此，通过旅游活动促进自身知识的扩充和深化，并追求个人、他人、环境共同完善的知识旅游是旅游发展的趋势。

第二节　地质遗迹旅游是知识旅游的创新和实践

知识旅游持一种全面、科学、动态的资源观，凡是能够满足旅游者求知需求的都可以视为资源，甚至可以通过资源的合理开发，创造和引导旅游需求。例如，人民网2014年5月13日报道，北京门头沟关闭270个乡镇煤矿，废弃矿山变身博物馆，提供了资源消耗型企业通过转变发展观念，从资源开采到旅游参观，实现了可持续发展的案例。借用循环经济的观点：世界上没有垃圾，只有放错了地方的资源。

知识经济的本质是创新，具体到知识旅游，就是要重新认识评价和定位旅游资源，据此开发出深层次、高品位的知识型新旅游产品，这就是一种创新思维。知识旅游资源的内涵随着人类认识世界的范围不断扩大而不断发展。知识旅游产品是适应兴趣爱好不同的游客的多方需求，深度挖掘资源的知识底蕴，经过科学规划，合理开发而形成的。

将地质遗迹作为旅游资源与知识旅游的本质和创新思维是相吻合的。地球上的各种自然或人类社会活动形成的景观都是有其所依托的地质基础的，很多著名的自然风景区本身就是地质遗迹。如何全面认识这些地质遗迹，是直接关系到能否充分挖掘资源潜力，打造高品质知识旅游产品的关键。知识产品是物质产品被知识化后所形成的，它是利用新知识创造出来的新产品，用以满足社会需要，与普通产品相比，它的知识含量大大提高了。地质公园的建立正好说明这一点，它使得原本没有被正确认识其科学价值的地质遗迹得以重新定位，回归科学，挖掘出景观资源的本质所在。

地质公园的建立使得地质遗迹遇到了“知音”，陕西翠华山的山崩地质遗迹，在建立地质公园之前，人们只认为它是一个有天池、冰洞和风洞的避暑观光之地，但是从地质学角度看，它是难得的由清晰的山崩断崖、崩塌石海、洞穴和堰塞湖形成的完整的山崩地质灾害遗迹序列。专家利用地质学知识对该旅游景观的新定位，使其知识含量显著增加，逐渐形成山崩旅游这一知识产品。在这个过程中，知识的作用是巨大的。我们说地质公园是各种旅游景区类型中的“阳春白雪”，就是指它蕴含的科学性更强，对知识的探求和传播效果更为显著。

第三节　地质遗迹景观

一、景观的概念

德国自然科学家 Humboldt 将景观定义为某个地球区域内的总体特征[3]。需要指出的是，从地质公园的公园属性而言，作者把景观局限为地质遗迹的旅游观赏美，并非上述泛化的景观。从旅游地学角度出发，严格地说，地质遗迹景观和地质遗迹还不能完全等同，地质遗迹是一种客观存在的资源，地质遗迹景观却是从人对这种景观存在的感知和认知方面而言的，广义的地质遗迹并非都具有旅游意义上的观赏价值，因此可以说地质遗迹景观就是在某个区域内具有美学特征的地质遗迹及依附其上的生态系统共同构成的外在表象。游客首先是通过对地质遗迹景观的感知进而认知地质遗迹内在的科学性[3]。

许多优美的人文景观都是与地质遗迹景观巧妙地配合的，巍巍山地、幽幽密林、潺潺流水成为庙宇古刹的衬景，平添了几分神秘；苍翠的群山，广阔的海洋、湖泊，又是许多亭阁等亲水景观的借景；起伏的丘岗则是园林布局与建设的首选。“依山傍海”、“远山近水”、“近水楼台”等景观都是以特定地质地貌为背景的。当然，从知识旅游产品形成的角度来看，地质遗迹景观亟须有科学的解释说明系统作为支撑，以便将深奥的地学知识解构为易于被不同层次游客所接受的信息。通过满足游客对易辨性的要求而使之获得愉悦感。

二、知识旅游对诠释地质遗迹景观的要求

地质遗迹景观堪称一部地球演化变迁的史书，内容博大精深，涉及地球物理学、地质学、自然地理学、历史地理学、生态学乃至人类学、社会学等众多学科知识，蕴含着丰富的环境信息，是开展知识旅游活动的理想场所。

知识旅游强调"寓学于游"、"寓教于乐"，注重旅游者在游览、求知的过程中获得愉悦。卡普兰夫妇总结了四个决定环境产生愉悦感的因素：一致性（coherence，一个场景的秩序或组织性），易辨性（legibility，一个场景中的信息应易于接收处理或分类），复杂性（complexity，一个场景中的元素具有多样性），神秘性（mystery，一个场景所具有的产生新的信息的可能性）[4]。一致性、复杂性和神秘性是地质遗迹景观要素组合成的环境所具有的客观特性，而易辨性则与感知主体即旅游者的特征相关，取决于感知主体的学识修养。

地质遗迹景观所蕴含的信息，需要经过科学的诠释才能让不同知识层次的旅游者辨识和学习，从而满足易辨性，进一步增强旅游者的愉悦感。科学诠释是以对资源的充分认识为前提和基础的，下面从三个层面对地质遗迹景观这种珍稀旅游资源进行分析。

三、基于认知的地质遗迹三重景观

（一）景观认知的三重性

人类社会是在地球上产生并发展的，人类离不开地球，而地球的变化则受到地质、地貌、气象、水文等地学因素的制约，正是它们构成了精彩纷呈的自然界，并成为人们观赏的对象。因此，一般而言，任何旅游资源都深深地烙下地学的背景，人文旅游资源也不例外，而自然旅游资源本身就是地质遗迹景观。

可以说人们一直在有意无意间进行着地学旅游，当然更多的人可能是无意识的、被动的。地质遗迹景观的形成、演变、产状和形态构成了旅游资源所具有的特征。就旅游观赏而言，深层次认知地质遗迹景观有助于在科学层面上加深对地质遗迹美的理解，从而更深刻地观赏直至升华精神理念。但是，正如前面所说，大多数旅游者是无意识的，对于景观的认知仅停留在表面形态美上，并没有达到三重认知的完美结合。当前，众多地质公园的建立为旅游者提供了科学认知地质遗迹景观的平台，因此要提高地质公园的科教科普功能，使旅游者受到科普教育，进行名副其实的知识旅游，有必要对地质遗迹景观的三重内涵（图 3.1）进行深入分析。

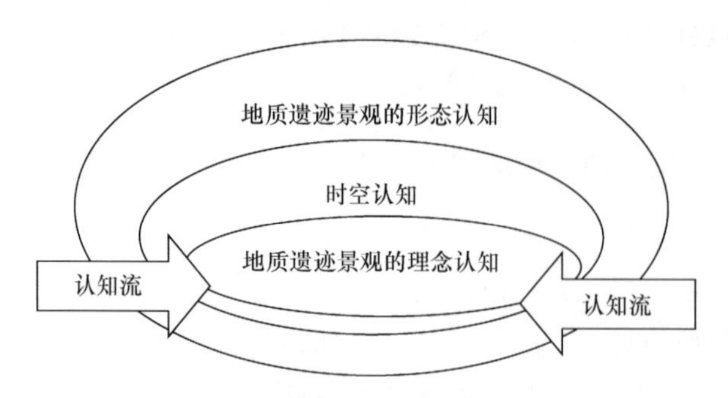

图 3.1 地质遗迹景观的三重内涵

1. 形态认知——认知的初级阶段

形态认知是从外表形态层面研究地质遗迹景观的各种类型，观赏其外在美，由外在美切入才能对人形成景观吸引力，因此这是一种感觉范畴的表象认知阶段，可以从地质遗迹景观的构成要素之美和要素的组合状况来考量。

1）景观要素之美

地质遗迹景观具有各种类型的形态美。矿物完整的晶形、色泽具有很强的观赏性，可以直接成为审美客体，如晶莹剔透的水晶晶簇、各种宝石等；不同的地质地貌孕育了千姿百态的旅游景观，成为自然景观的主体框架，如昆明西山滇池，断层作用形成的湖盆及断层山，构成了景区的主体景观。另外还有喀斯特造型的奇异美，冰川的神秘美，风沙地貌的粗犷美，地质构造的气势美，标准地层剖面的层序美、和谐美等，但其内涵是科学美，也就是说，只有当了解其形成背景时，才会真正理解这种美的价值。

2）多种景观要素的组合之美

地质遗迹景观往往是各种要素单体组合而成的。不同要素单体的多样与统一、对比与调和、比例与尺度等方面的组合，都有其形成的根源，蕴含着丰富的信息。奇特的玄武岩柱状节理群是由无数个单体的节理柱组成的，奇异、壮观，更具有观赏价值。丹霞地貌的美就是由红色岩石、节理、陡崖、缓坡甚至气象要素组合形成的；壶口瀑布则是由水平岩层、陡壁、流水、谷中谷、壶穴等要素组合形成的；世界遗产地武陵源就是由 3100 多座石英砂岩峰柱林以及深切嶂谷、石墙、天生桥、方山平台等地貌组合形成的造型景观群体，称为张家界地貌。因此，地质遗迹的多种景观要素组合，成为地质遗迹美的重要特征之一，正所谓“一枝独秀不是春，万花争艳春意浓”。

2. 时空认知——认知的中级阶段

地质遗迹景观不是孤立存在的，需要通过地质遗迹景观时空层面来进一步认知其在空间产出的状态、环境及时间进程。将地质遗迹景观与其赋存的环境联系起来，进而认知地质遗迹景观形成的原因，属于认知的中级阶段，给旅游者以地质遗迹景观宏观认知及地质遗迹景观赋存条件与环境的协调之美。

1）地质遗迹景观的内部空间

地质遗迹景观的内部空间是指产出状态，分为一般要素和性质要素两种。一般要素属于通识性质，即规模、形状、大小等，性质要素则决定了地质遗迹类型。要素内容随地质遗迹类型的不同而变化，如断层构造地质遗迹的断层面走向、倾向、倾角，褶皱构造地质遗迹的两翼产状、轴面走向，地层化石类地质遗迹的层位关系，以及岩矿类地质遗迹的结构构造和成分等。内部环境的辨识对认知地质遗迹成因十分重要。例如，人们对岩石的认知就是通过观察其中的矿物成分而得到的。如果一种岩石含有大量结晶的石英、长石矿物，那么可以断定其为花岗岩；沉积岩中的砾石由岩石碎屑组成，可以根据砾石的成分、磨圆程度、分选好坏认知其形成的过程。又如，岩浆岩按照其中所含二氧化硅的多少可分为超基性岩、基性岩、中性岩和酸性岩。在基性、超基性岩石中，二氧化硅含量较少，仅组成硅酸盐矿物的硅酸根，中性到酸性岩石中，二氧化硅含量逐渐增多，不但可以满足形成硅酸根的要求，而且有多余的氧和硅，因此酸性岩中大量出现石英，而基性岩、超基性岩中则不出现石英，通过对岩浆岩中石英的观察可以判断其是酸性岩还是基性岩。

2）地质遗迹景观的外部空间

地质遗迹景观的外部空间是指地质遗迹景观形成的构造环境、地理环境和周边环境，是地质遗迹形成和赋存的背景条件，例如，陕西金丝峡喀斯特峡谷地质遗迹存在于强烈上升、流水侵蚀切割的秦岭中山石灰岩地层中。地质遗迹景观的周边环境应该与景区的资源内涵相适应，协调发展。这些外部环境的辨识对于研究地质遗迹的成因有重要意义，而一个良好的周边环境对于建立人地和谐观的实体形象有重要的支撑作用。举例来说，断层是一种常见的断裂地质构造，但是自然界的断层并非像书中图片那样清晰可辨，需要通过在野外对区域地质环境，地层的重复、缺失或产出状态的变化，宏观地貌反差甚至泉水的线状出露等特殊现象的观察来判断有无断层及断层的性质。

3）地质遗迹景观的时间维度

地质遗迹景观是在漫长的地质历史年代中形成的，因此地质遗迹存在于时间的进程中，远古地层中所留存下来的生物化石及其接触关系，生动地展现了地球历史的演变。旅游者在欣赏地质遗迹美时，常会好奇地询问这是什么时期形成的，这对于地质公园的地质遗迹研究是不可回避的问题，对于一般旅游者而言则更会令其感慨地质作用的缓慢而持续，使其发自内心地珍惜这些景观，从而推动对地质遗迹的保护。

地质遗迹景观是动态发展变化的，可以说景观的现在是过去的延续，未来又是现在的发展。当旅游者在欣赏地质遗迹景观时，通过了解其漫长形成过程的有关知识，会促使他们进行深入的哲学思考，从而感悟到沧海桑田的变换，甚至体会到生命的意义，正如法国园林大师米歇尔·高哈汝所说：我意识到景观是在不断演变的，而我必须融入其中……严格意义上讲，我不是进入空间，而是进入一种演变过程[5]。

3. 理念认知——认知的高级阶段

从理念层面研究地质遗迹景观给予人们的哲理和启示，属于社会学范畴。哲理和启示属于主观意识空间，有两层含义：浅表性含义。通过欣赏地质遗迹的美学形态，初步了解地质遗迹的类型及其形态成因，这主要是科学层面的认知。深化性认知则是由具体形象的地质遗迹展现的科学美引发出的富有哲理性的联想和思考。

在秦岭终南山世界地质公园，翠华山的山崩巨石象征着坚韧不拔的精神；南五台景区的绿树郁郁，寺庙点点，是一种幽静之美；即使小小的褶皱构造，那层层同步平行弯曲的层面，也显示出一种和谐之美。地质遗迹景观旅游是人们有意识地、主动地亲近大自然、保护大自然、增强人地和谐的绝佳选择，它带来的是理念的升华和心灵的净化。

（二）三重认知的关联

1. 形态认知向理念认知的转化

各种层面认知之间有密切的关联，形态认知只是对浅表性现象和形态的感知，是对客观现实空间信息的直观解读，若仅仅满足于形态美，则只是认知的初级阶段。时空认知则是客观现实空间向主观意识空间的过渡，较之于形态层面在认知上前进了一步。最终旅游者应通过有选择地解读客观现实空间信息，建构地质遗迹景观在其主观意识空间的形象。

实现客观现实空间向主观意识空间的转化，达到理念层次的认知是人类追求的最高目标。但是由于旅游者自身知识结构和认识的局限性，主观意识空间往往不能全面深入地反映客观现实空间的内容。尤其是像地质遗迹景观，其在现实空间中蕴含了极为广泛的涉及众多学科的知识，就更难以得到完整的反映。如果不加以引导，差异的存在很可能使旅游者仅能领略其极少一部分内涵，甚至可能形成错误的认知。

2. 对差异空间的引导

差异空间是指旅游者的主观认识和客观现实之间的差距。由于人类认识世界的局限性和信息传播的不确定性，差异空间是不可能彻底消失的，也是很难把握和定型的。旅游者为追求自身的进一步完善，在地质遗迹景观认知中会希望尽量真实地获得知识，以便正确认识环境。而提供知识旅游产品的经营者则要着力去供给和更新必要的信息，有效指导旅游者通过自身的学习、思考，从而接近客观本真。

由此可见，对于差异空间的引导可以说是知识旅游产品能否取得成功的关键所在。实际上，一般旅游者来去匆匆，不可能深入了解景观的含义，欣赏它的故事，仅能达到浅表的形态认知，从而造成较大的认知差异空间，真正能理解景观含义的只是少数旅游者，这就形成了一种认知的金字塔结构(图 3.2)。

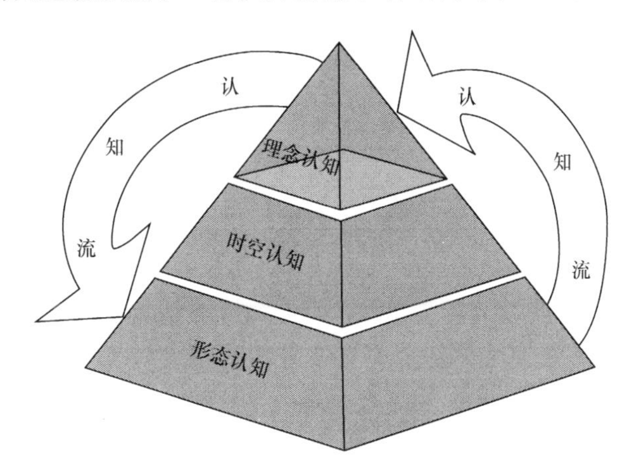

图 3.2　地质遗迹景观认知的金字塔结构

因此，地质旅游的管理者和组织者有必要主动引导游客逐渐由形态认知向理念认知转化，这不但在理论上是可行的，在实践中也并非难事，其关键在于解说系统的完善和提升。麦积山在一般人眼中是石窟艺术圣地，在地质学家眼中却是丹霞地貌典型地；庐山是集自然美景与人文景观为一体的旅游景区，地质学家则更看重其第四纪冰川遗迹；瑞士阿尔卑斯山风景很美，这是冰川的角峰、刃脊、U 型槽谷和现代冰川活动所造就的。若有地质专业的解释，游客就能更好地体会这种美景。五台山是佛教名山，也是五台运动的命名地，更是地球早期历史的博物馆，目前已经建成国家地质公园，这将使游客在感受佛教文化的同时，了解一些前寒武纪的变质岩、古夷平面、第四纪冰缘地貌的知识。

游客通常可以通过地质公园博物馆的介绍、地学旅游科普导游合适深度的讲解，以及地质科普宣传材料、地质公园网站、公园科普视频、景区的地质遗迹解释牌和游客亲身参与的科普活动来完成由形态认知向理念认知的转化。解说不能仅注重趣味和神化，更要增添科学性(时空认知)，并且力求上升为理念，如通过对地质灾害遗迹的形态认知，进而了解灾害形成的原因，最后实现人地和谐观的理念升华。当然也要贯彻寓教于乐的原则。

参考文献

[1] 张玲，吴成基，白凯，等. 知识旅游视角下的地质遗迹景观三重认知[J]. 山地学报，2012，30(1)：107-112.

[2] 吴美萍. 知识旅游的初步探讨[J]. 东南大学学报(哲学社会科学版)，2005，(S1)：233-235.

[3] Naveh Z, Liebenman A S. Landscape Ecology: Theory and Application[M]. Berlin: Springer-Verlag, 1984.
[4] Kaplan R, Kaplan S. The Experiences of Nature: The Psychological Perspective[M]. Cambridge: Cambridge University Press, 1989.
[5] 郭恒,张炜. 景观设计中时间维度的思考[J]. 美术大观,2007,(8):160-161.

第四章　地质遗迹的基本属性

广义而言，我们生活的土地、山脉、平原等都是地质遗迹，我们脚下踩到的沙土也是地质遗迹，甚至人类都是地质历史的产物。但若如此，则地质遗迹的概念过于宽泛，不便于研究利用。因此，必须要明确地质遗迹的几个特征（属性），以便与广义地质遗迹区分。实际上，目前地质公园和地学旅游、地质遗迹保护地段（点）涉及的都是这种狭义的地质遗迹，本书也是如此。

根据研究和利用需要地质遗迹的基本属性包括科学性、典型性、稀有性、自然性和观赏性。一般而言，科学性、典型性、稀有性和自然性是其必要属性，同时，若还具有一定的观赏性则更为宝贵，因此观赏性是地质遗迹的充分属性。具备这五大属性的地质遗迹可以成为宝贵的地学旅游资源。

第一节　地质遗迹的科学性

地质遗迹资源首先应具有科学性，其是由某种地质作用形成的，能说明地质作用的整个进程，所反映的地质事件能与全球、全国、区域进行对比，从而论证某种地质学问题，深化对地质学某方面科学的认识，有利于地质学科的发展。科学性是确定地质遗迹的必要条件，下面以陕西地质遗迹为例进行说明。

一、翠华山地质遗迹科学性实例

陕西翠华山国家地质公园发育有全新世以来形成的规模世界第 3 位的山崩遗迹。山崩总体量达 3 亿立方米，总面积为 5.2 平方千米（图 4.1）。其山崩地貌类型齐全，形态完整。这样的山崩地貌充分体现出地质遗迹的科学性。

（一）山崩地貌

陕西翠华山国家地质公园位于秦岭山脉的北坡，属于流水侵蚀剥蚀的中低山地貌，一般山峰海拔在 1200 米左右，主峰终南山海拔 2604 米，山势陡峭、沟谷深切。受秦岭北麓大断裂的影响，其南侧山体快速抬升，形成北仰南俯的断块地貌。园内太乙峪在秦岭山体隆起的同时强烈下切，形成 V 型谷地貌，属正在发育的青年期河谷。

山崩临空面地质遗迹[1]。岩体崩塌后所形成的残峰断崖，如斧劈刀削，峭壁凌空，故称临空面，一般高达 100～250 米，断壁沿节理面发育，延伸方向与沟谷走向基本平行。

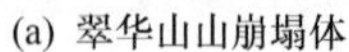
(a) 翠华山山崩塌体

(b) 翠华山堰塞湖

图 4.1　翠华山山崩地质遗迹

崩石堆积地貌遗迹。崩塌岩体堆积沟谷，形成壮观的崩塌石堆，又称崩塌石海，其中以翠华峰和甘湫峰附近最为壮观、典型。甘湫池山崩规模最大，崩塌体积达 1.8×10^8 立方米。翠华峰下的天池西侧分布着约 1.5 平方千米的崩塌堆石，崩塌体积达 1.3×10^8 立方米，由裸露、大小混杂的石块堆砌而成。此两处崩塌堆石单个崩石体积巨大，一般在 $1\times10^3\sim1\times10^4$ 立方米，且数量众多，宛如石头的海洋，颇为壮观。天池以北崩塌石块堆积，形成陡倾的高差达 150 米的堰塞堆石坝；天池以西巨石互相叠置、堆砌、支撑，形成诸多石体造型和洞穴景观。

山崩洞穴地貌遗迹。山崩巨石互相叠置、堆砌、支撑，其间形成许多狭缝、洞穴，经初步考察翠华山有洞穴 60 余处。著名的有洞内外温差悬殊的风洞、冰洞和夏之春洞，以及自然生态系统保存完好的蝙蝠洞等。洞穴曲折蜿蜒，或深或浅，或上或下，或宽或窄，景观多变，极具旅游价值。

山崩堰塞湖地质遗迹。山崩石体堆积沟谷形成天然石坝即堰塞坝，堰塞坝堵塞太乙河，积水成湖，形成堰塞湖，以水湫池最为典型，其面积达 0.135 平方千米。

（二）山崩形成条件

秦岭山脉的北仰南俯是形成山崩的地貌条件。翠华山地处秦岭北麓的低山区，与秦岭北麓大断层的直线距离仅 4 千米。秦岭北麓大断裂目前仍在活动，断裂北侧相对下降形成关中平原，南侧相对上升形成高耸的秦岭山脉，全新世上升速率为 1.7～3.4 毫米/年。由于秦岭的持续抬升，翠华山所在的太乙峪强烈下切，形成了两侧高达 200～300 米的基岩陡壁，是崩塌临空面形成的基础。

节理是山崩形成的构造条件。区内有两条主要的断裂，即杏园坡断裂和甘湫池盘下断裂。在这些断裂活动影响下，岩层中产生了大量构造节理(裂隙)，节理是岩体中的微小裂隙构造，以其无明显位移为特征，在翠华山岩石中发育。翠华山岩石节理以剪切节理为主，这种节理面延伸较远，平直光滑，矿物质充填较少，常表现为两组交叉的 X 状节理，将翠华山岩体切成菱形及棋盘格式形状。节理作用使岩石整体性受到破坏，进而使岩体变得易于滑动，为以后山崩的形成奠定了基础。

有两组节理对崩塌形成有意义，一组为走向近南北，与太乙峪走向平行，倾角为 70～80 度(图 4.2)；另一组走向也近南北，倾向 SEE(南东东)，倾角为 30～40 度。因此，构造裂隙控制了山崩的发育，特别是前一组裂隙使岩层破碎失稳，遂在重力作用下崩塌。

图 4.2　正在形成的山体崖壁节理

同时，在长期的外力地质作用下，岩层中有大量的风化裂隙，这些裂隙使岩层更为破碎，对崩塌形成起到推波助澜的作用。

混合岩是形成山崩的岩性条件和物质来源。区内各种混合岩岩性坚硬，98%为混合花岗岩，少量为混合岩化斜长角闪片岩。在地质作用下，混合岩主要发生脆性变形，因此以发育构造裂隙为主，为山崩提供了极为丰富的物质来源。

山崩的发生与关中历史时期的地震也有一定关系，已经处于失稳状态的岩块，在地震时将会大量崩塌，当然，并非一次大地震就可以形成大规模的崩塌，山崩不是一蹴而就的，它是经历了多次地震波的触发影响而形成的。

翠华山山崩的另一个诱发因素是暴雨，区内年降水量为 800～1000 毫米。降水的渗漏是岩石裂隙水的主要补给源，入渗水起到了润滑剂的作用，降低了岩石的摩擦力。

2006 年，陕西师范大学山崩研究组用 ^{14}C 测定水湫池处山崩时代[2]，得出山崩系由多次崩塌形成的，最老的十八盘崩塌体形成在距今 1.1 万～1.4 万年的晚更新世末期。

山崩地质遗迹是秦岭和渭河盆地新构造运动的一种展现。对山崩形成机理、分期断代、发展过程、地貌形态分类、崩石力学特性的深层次研究将丰富山崩地貌理论，对分析预测秦岭类似地区岩体稳定性以及与渭河盆地地震关系也有重要现实意义。随着地质公园的建立，陕西师范大学山崩研究组对翠华山开展了一系列科学研究工作，提出了翠华山山崩的形成机制，首次利用^{14}C测定了水湫池山崩体的形成时代。另外，经过多次深入调研，论证确定景区的地质遗迹点位，并立牌进行科学解说。对地质景观进行科学解释，这正是地质公园的特色。

二、渭河裂谷第四纪地质遗迹科学性实例

裂谷是因地壳拉伸断裂产生的地壳断裂带。渭河裂谷（或渭河地堑）是鄂尔多斯地块南侧的新生代断陷带。渭河裂陷盆地（关中渭河盆地）是中国最大的复式地堑构造盆地（图 4.3）。根据王全庆等的研究，地堑和地垒是两种特殊的断层组合形态，两个相向而倾的正断层组合成地堑构造；反之，两个相背而倾的正断层组合成地垒构造（图 4.4）。

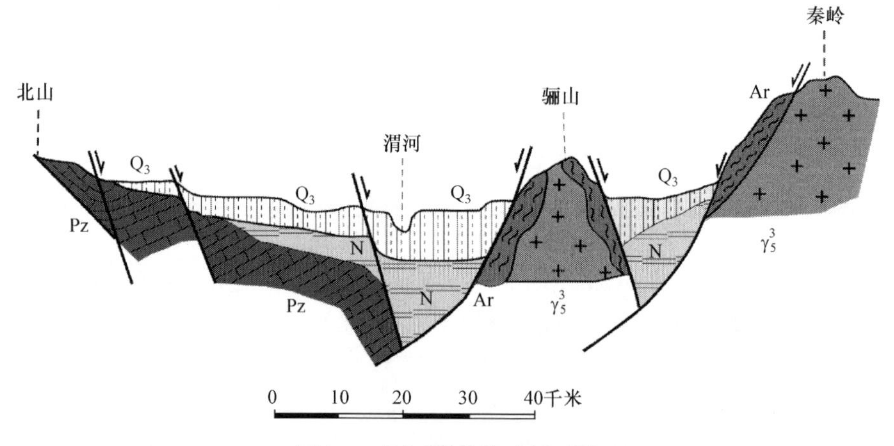

图 4.3　渭河裂谷构造剖面图

Q_3-第四系黄土；N-新近世砂岩；Pz-古生界石灰岩；Ar-太古界变质岩；γ_5^3-燕山期花岗岩

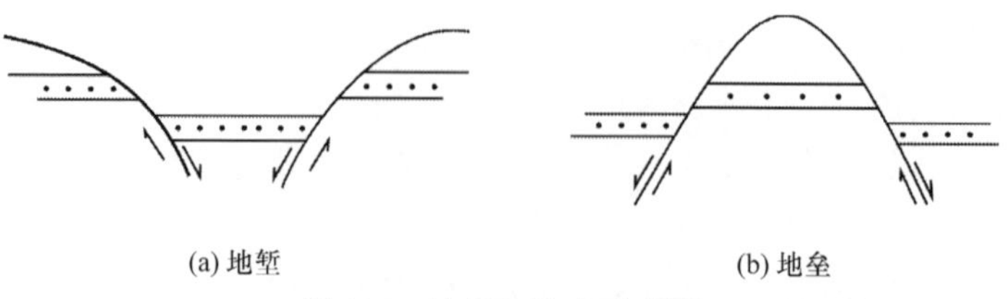

图 4.4　地堑和地垒示意图

渭河裂谷以强烈的历史地震活动、典型的断块构造地貌、巨大的地貌反差、巨厚的新生代沉积等新构造运动遗迹以及早期人类的活动遗址成为我国第四纪地质和古人类学研究的重要基地。

(一) 悬殊的地势高差

渭河裂谷带南抵秦岭造山带,北邻华北板块南缘,分别以深大断裂与盆地相接。喜马拉雅运动至今,秦岭北麓断层的活动加剧,使秦岭断块强烈掀起,北山断裂继续活动,渭河裂陷带加剧陷落,新构造差异运动十分明显。鄠邑区、周至一带形成凹陷中心,沉积了厚达 6000～7000 米的新生代碎屑岩系,呈南深北浅的箕状盆地,以与秦岭太白山 3771.2 米的高度形成巨大的地貌反差为特征,其间为断层三角面发育的秦岭北麓大断层(图 4.5)。

图 4.5 秦岭北麓大断层三角面远景(秦岭终南山世界地质公园提供,寻琇琳摄)

(二) 地堑、地垒

渭河地堑是中国最著名的地堑构造,其间渭河平原地势平坦,被两侧相向而倾的正断层围限,以南为秦岭,以北为北山,两侧上升,中间下降。地堑从东向西绵延 300 多千米。有意思的是,在地堑中有地垒构造,骊山就是突兀在渭河裂陷带内的一个孤立的地垒式断块山(图 4.6),四周被正断层围限,中间隆起,堑中有垒。骊山断块北侧断裂是渭河裂陷带内一条重要的活动断裂,断层面主体北倾,倾角为 45～75 度,北盘相对下降,南盘相对上升,地貌反差显著。在骊山可见明显的阶梯状断层,在兵谏亭有清晰的断层崖。

图 4.6 骊山地垒构造(秦岭终南山世界地质公园提供)

（三）黄土台塬断块

西安东部和东南部从东向西分布着横岭塬、白鹿塬、少陵塬、神禾塬等黄土台塬，台塬的长轴方向均为北西—南东向，北西向阶状隐伏断层组的发育将原来完整的台塬面分割开来。由于断层相互差异升降，各塬面海拔依次向西而降低，如横岭塬海拔为850～900米（较骊山低400米），白鹿塬海拔为740～760米，少陵塬海拔为570～630米，神禾塬海拔为464～601米，渭河二级阶地海拔为450米左右（图4.7）。同时形成不对称河谷，各黄土台塬面均有东高西低、塬面微向西南倾的趋势。

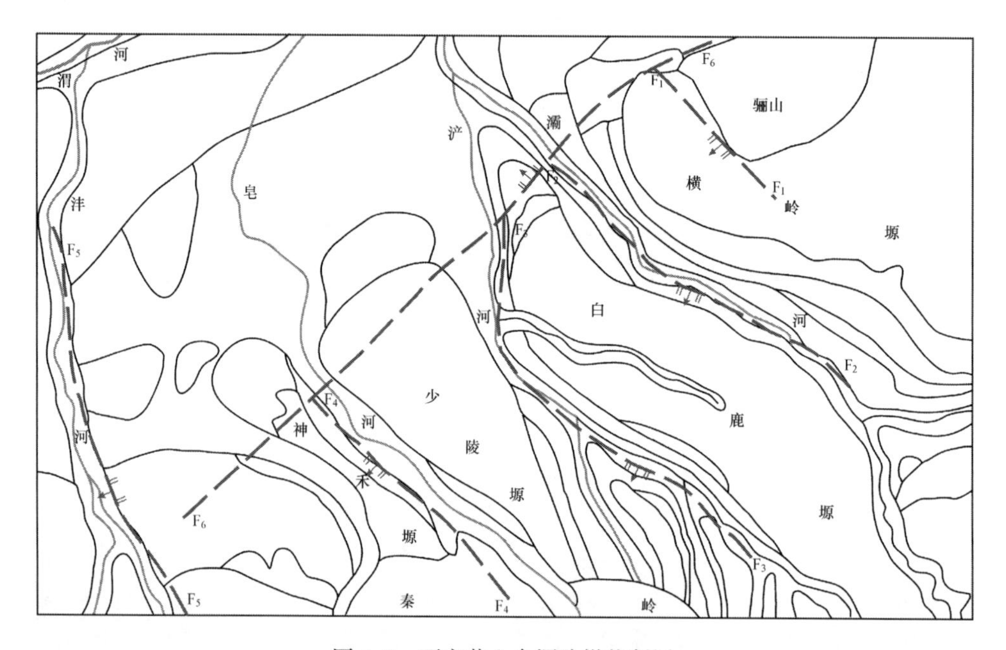

图4.7　西安黄土台塬阶梯状断层

F_1-骊山西南断裂；F_2-灞河断裂；F_3-浐河断裂；F_4-橘河断裂；F_5-沣河断裂；F_6-临潼—长安断裂

由于北东向临潼—长安断裂带的影响，公园内每个黄土台塬内部还可分出两级台塬面。其间有阶梯状陡坎，并发育洼地和岗垄，大体呈东西或北东向延伸，一级黄土台塬海拔540～880米，与平原陡坎接触，高差40～170米，二级黄土台塬海拔600～950米，与一级黄土台塬陡坎接触，高差50～150米。

（四）新生界剖面

渭河盆地新生界沉积巨厚，达6000～7000米，地层划分详细，标准剖面多，是我国新生界发育典型的地区（图4.8）。古近系、新近系出露于白鹿塬、横岭塬及骊山周围，依次围绕骊山向西、东、南呈扇状分布，从骊山向外，时代逐渐变新，掩埋于平原之下。依照原地质部(1982年改名为地质矿产部)的地层划分方案及前人的研究成果，古近系在骊山地区(地表)包括上始新统红河组、下渐新统白鹿塬组，新近系包括中新统冷水沟组、寇家村组，上新统灞河组、蓝田组。第四系广布于盆地，包括下更新统三门组、中更新统泄湖组、上更新统乾县组以及全新统[3,4]。成因类型复杂，有河湖相、风积黄土相、洪积相，还有滑坡、崩塌沉积。这里是我国新生代研究的基地，特别是蓝田猿人化石的发现和研究、第四纪地质学研究的深度在国内位居前列。新生界剖面的保护对于研究盆地的形成过程、发育特征对比、下降速率、新构造运动和新生代古地理环境的演变提供了重要的地层学依据。

图4.8　中更新统黄土中的古土壤层和白色钙质结核(陕西西安白鹿塬)

(五) 蓝田猿人遗址

蓝田猿人头盖骨化石为我国现存唯一的猿人头盖骨化石(图4.9)。1964年5月中国科学院古脊椎动物与古人类研究所研究人员在蓝田公王岭发现一直立人头盖骨化石及面骨碎片、牙齿等，其具有比北京猿人更为原始的特征，判断其年代为旧石器时代初期。后期又有石器出土，同时同一地层出土的动物化石有38种，包括剑齿虎、剑齿象、猎豹、水鹿、丽牛等，表明蓝田猿人的生活环境是一个气候比较温暖、湿润的森林草原地带。古地磁测年为距今110万～115万年(属早更新世晚期)，为我国重要的直立人遗址。2001年修建新生代地层保护大厅时又发掘出了4件旧石器，推断其地层地质年龄为132.7万年或更老。1963年在蓝田县陈家窝子村附近发现一具古人类老年女性下颚骨化石和石器工具，上述二者统称蓝田猿人遗址。蓝田猿人是继北京猿人之后，我国发现的最重要的古人类化石。这一发现扩大了我国猿人的分布范围，丰富了人类物质文化纪录，为研究人类起源提供了珍贵的科学资料。1979 年设立了专门保护机构，并新建了陈列室、接待室，供游客参观，1982 年蓝田猿人遗址被公布为全国重点文物保护单位。

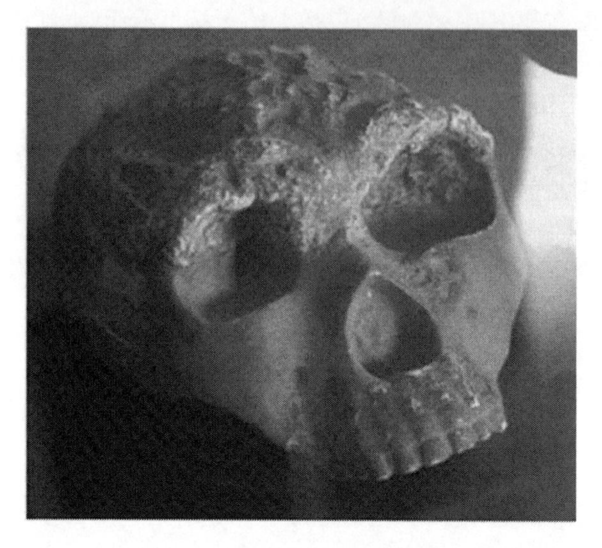

图 4.9 蓝田猿人头盖骨化石

第二节 地质遗迹的典型性

地质遗迹的典型性反映出某种地质作用过程的完整性、连续性以及模式化，可以以此来窥探地质作用的全过程。

一、南宫山火山岩地质遗迹典型性实例

南宫山位于陕西南部大巴山区的岚皋县，以发育志留纪古火山岩地质遗迹成为国家地质公园，南宫山火山岩地质遗迹无论是在岩相还是在发育规律上均有典型性。

（一）清晰的火山岩相水平分布规律

南宫山火山岩相可以划分为隐爆火山角砾岩相、火山集块岩相、火山角砾岩相、火山熔岩相及凝灰岩相等 5 个岩相类型[5]，依次远离火山口有规律地分布。隐爆火山角砾岩是在岩浆顶部岩层压力大于岩浆爆破应力条件下所发生的爆破或火山活动所形成的岩石；火山集块岩为粒径大于 64 毫米的火山角砾，岩石中角砾大小不一，分选差，有棱角，多分布于火山口附近或充填于火山口中；火山角砾岩由直

径为 4～62 毫米的火山角砾组成，以凝灰岩角砾居多；火山熔岩为基性火山熔岩，以辉石为主，大小为 2～5 毫米；凝灰岩分布于岚皋南宫山火山杂岩的最外侧，由更细小的火山灰组成(图 4.10)。

(a) 隐爆火山角砾岩　(b) 火山集块岩

(c) 火山角砾岩　(d) 火山熔岩

(e) 凝灰岩

图 4.10　南宫山火山岩相

(二) 火山岩峰林形成规律明显

火山岩峰林地貌在形成上有一定的先后次序，揭示了其发育过程。火山岩峰林最初为石丛,最初的石丛首先在完整的岩体上发育,之后分别形成石嶂、石林(图 4.11)、石柱。当外力继续侵蚀时,又可以在这些石嶂、石林、石柱顶部形成二次石丛,多次石丛发展的结果将会使岩体被不断侵蚀切割,这样的作用反复进行,最终完整的岩体成为越来越支离破碎的各种火山岩地貌,体现出火山岩峰林的完整发育过程。

图 4.11　陕西南宫山火山岩石林

二、金丝峡地质遗迹典型性实例

金丝峡位于陕西秦岭造山带商南县,以特殊的岩溶峡谷地貌成为国家地质公园。金丝峡岩溶峡谷体现出在造山带地壳上升和水循环强烈作用下,处于中国气候南北过渡带的岩溶发育特点,即典型的以地表峡谷为特征的岩溶峡谷。广义峡谷的孕育期、幼年期、青年期、中年期(隘谷—嶂谷—峡谷—宽谷)发育过程十分清晰(图 4.12)。隘谷的谷坡近于直立,谷底深窄,全为河床占据,谷宽与谷底接近一致,形成于地壳上升、河流强烈下切地区,是峡谷形成的初期阶段。嶂谷是峡谷发育的第二阶段,它两壁仍然陡峭,但是谷底比隘谷稍宽,常有基岩或砾石滩露出水面以上,可以行走。峡谷更为开阔,由嶂谷受到河流侧方侵蚀形成,峡谷中已经有边滩甚至阶地。峡谷继续发展就成为宽谷。

这些特点是金丝峡在国内众多的岩溶地质遗迹中能够脱颖而出成为国家级地质公园的根本原因,对于研究造山带岩溶有很多启示,由于其典型性可将此类峡谷称为金丝峡型岩溶峡谷。

(a) 隘谷　　(b) 嶂谷

图 4.12 峡谷发育的两个初期阶段(陕西商南金丝峡国家地质公园)

第三节 地质遗迹的稀有性

稀有性是指此类地质遗迹分布稀少,很难在其他地区找到,因而显得十分珍贵。地层剖面类地质遗迹常具有稀有性,目前国际上建立的金钉子地层剖面就属于此类。地质学上的金钉子实际上是全球年代地层单位界线层型剖面和点位(global stratotype section and point,GSSP)的俗称。

一、浙江长兴金钉子剖面实例

金钉子是国际地层委员会和国际地质科学联合会以正式公布的形式所指定的年代地层单位界线的典型或标准,是为定义和区别全球不同年代(时代)所形成的地层的全球唯一标准或样板,并在一个特定的地点和特定的岩层序列中标出,作为确定和识别两个时代地层之间界线的唯一标志,因而具有全球或区域地层对比划分标准的唯一性。浙江长兴金钉子即长兴灰岩剖面,是全球二叠系至三叠系界线层型标准剖面,由国际地质科学联合会 2001 年 3 月正式确认,作为全球地层对比标准点位,是地球历史上三个最重要的断代界线之一,也是地球历史上六次生物大绝灭中最大一次绝灭事件和全球变化相联系的点位。2.5亿年前地球史上最大的一次生物绝灭事件的信息,在这里丰富而又完整地保存下来。在这次绝灭事件中,海洋中95%的生物、陆地上70%以上的生物都灭绝了,这里留下了大批古生物化石。因此具有国际对比意义和极高的科学研究价值,在地质学界具有无可替代的至高地位(图4.13)。

图4.13 金钉子剖面

二、陕西洛川黄土地层剖面实例

2004年,我国唯一的国家级黄土地质公园——陕西洛川黄土国家地质公园正式开园。这里保存有全球唯一的黄土地层典型剖面(图4.14)。洛川塬黄土深厚,地层齐全,黄土典型,化石种类多,保留有黄土堆积以来古气候环境演变的丰富信息。在洛川县黑木沟,发育有从新近纪上新世沉积的三趾马红土、第四纪早更新世的午城黄土、中更新世离石黄土到晚更新世马兰黄土连续沉积的黄土地层,忠实地

图4.14 洛川县黑木沟坡头剖面

记录着 260 万年以来黄土高原古气候环境的变迁，地层分层清晰，从地层中可以提取丰富的第四纪古气候的演变信息，因而成为全球黄土研究的圣地，也是用来研究第四纪环境的重要方法之一。洛川塬黄土是地质历史时期内外力地质作用的产物，也是研究黄土和黄土地貌形成过程的天然实验室[5]，吸引了全球众多第四纪研究者前往考察和研究。

2003 年国家最高科学技术奖获得者、中国科学院院士刘东生为陕西洛川黄土国家地质公园题词：洛川黄土是认识全球气候环境变化的三大支柱之一的标准地点，对它进行保护对世界的科学研究具有重大的意义[6]。本着保护和科研科普目的建立的洛川黄土国家地质公园，将担负起帮助人们认识和了解黄土高原、解析黄土高原之谜的重任。

三、陕南天坑群地质遗迹实例

天坑是碳酸盐岩地区形成的、口径和深度大于 100 米、容积巨大、四周或大部分周壁陡崖环绕，且与或曾经与地下河洞穴相通的大型漏斗[7]。一般多在地层平缓、厚度较大的碳酸盐岩地区发育，受气候、地下河深度以及构造控制，与峰林、石林、地缝、峡谷及石芽等岩溶地貌伴生，有独特的生态环境，具有极高的科考和观赏价值。按口径与深度规模，分为超级天坑（＞500 米）、大型天坑（300～500 米）、常规天坑（100～300 米）。据陕西省矿产地质调查中心的研究成果，2016 年，在陕西汉中发现了由 54 个天坑组成的天坑群。在此之前，全世界发现并被确认的天坑仅有 117 个，均位于北纬 24～31 度和南、北纬 20 度之间。其中有近 100 个天坑分布在我国广西、云南、贵州、四川以及重庆等地的 23 个区域[8]。我国主要天坑群分布及特征见表 4.1。

汉中天坑群位于汉中南部秦岭造山带与扬子地块结合部位，二叠系阳新组、吴家坪组及三叠系大冶组碳酸盐岩分布区，新发现天坑 49 处（表 4.2）。集中分布于汉中市宁强县禅家岩镇、南郑县小南海镇、西乡县骆家坝镇、镇巴县三元镇四个区域。其中南郑县小南海镇和镇巴县三元镇天坑最为密集，岩溶地貌景观形态最为完整[9]，镇巴县三元镇有区内单体规模最大的超级天坑圈子崖天坑（世界排名第五）、形态最典型的天悬天坑和有原始森林的伯牛大型天坑。西乡县骆家坝镇则发育有雄伟壮观的天生桥。宁强县禅家岩镇有极具观赏之美的地洞河天坑（图 4.15）。

表 4.1　我国主要天坑群分布及特征（据陕西省矿产地质调查中心）

分布位置	数量/个	典型天坑参数
广西乐业大石围天坑群	26	最大者口径 600 米，深 613 米
广西环江天坑群	7	—
广西凤山三门海天坑群	7	—

续表

分布位置	数量/个	典型天坑参数
重庆奉节小寨天坑群	7	最大者口径 620 米，深 600 米
云南沾益天坑(群)	7	最大者口径约 200 米，深 184 米
云南沧源天坑群	7	最大者口径 184 米，深 235 米
贵州打岱河天坑群	6	最大者口径 1700 米，深 320 米
广西巴马天坑群	5	最大者口径 800 米，宽 600 米，深 330 米
重庆武隆石院天坑群	4	最大者口径 700 米，深 200 米
四川岩湾天坑群	2	最大者口径 625 米×475 米，深 250 米

表 4.2　汉中南部地区各天坑群分布及特征(据陕西省矿产地质调查中心)

分布位置	超级	大型	常规	合计	备注
宁强县禅家岩镇天坑群		1	3	4	地洞河天坑口径最大 430 米，深 340 米
南郑县小南海镇天坑群		2	14	16	伯牛天坑口径最大 200 米，深 215 米
西乡县骆家坝镇天坑群		2	8	10	双漩窝天坑中大坑口径最大 150 米、深 210 米，小坑口径最大 107 米、深 207 米；暗河天坑口径最大 435 米、深 195 米
镇巴县三元镇天坑群	1	1	17	19	圈子崖天坑口径最大 520 米，达超级天坑标准；天悬天坑口径最大 110 米，深 182 米；阴司天坑口径最大 138 米，深 127 米
合计	1	6	42	49	

(a) 天悬天坑

(b) 地洞河天坑

图 4.15　汉中天坑群(陕西省矿产地质调查中心提供)

汉中天坑群地质遗迹经过专家评价后，被初步认为是在湿润热带亚热带岩溶地貌区最北界(北纬 32 度)首次发现的岩溶地质景观，也是我国岩溶台原面上天坑发育数量最多的天坑群。汉中天坑群沿着大巴山脉在北纬 32～33 度范围呈带状分布，自西向东蜿蜒 200 余公里，共有 4 个超大规模的天坑群。区域内天坑成群分布，发育序列完整，配以洞穴、地缝、峡谷、岩溶石林等岩溶景观，类型齐全，组成了完整岩溶地貌系统。2016 年 10 月，陕西省地质调查中心组织的专家评审认为汉中天坑群在数量上居世界首位，达到了世界级地质遗迹标准，汉中天坑群的发现有助于开展岩溶发育特征的区域对比，深化岩溶研究理论，丰富岩溶研究内容，阐明陕南大巴山区、扬子地台北端、北亚热带与暖温带接壤地区地壳发育历史古地理的环境演变。

从旅游地学角度看，汉中天坑群具有野、幽、雄、奇、险、秘、秀等特色。区域内的绝壁悬崖，飞泻的泉瀑，形态怪异、绚丽多彩的化学沉积，浓郁的植被，展现出大自然的美丽和生机勃勃，具有强烈的震撼感和神秘感。

陕南天坑群的发现使全世界已发现天坑数量由 117 个增加到 171 个，也使我国在世界岩溶天坑研究中走在了前列。

第四节　地质遗迹的自然性

地质遗迹的自然性是其在自然界保存的好坏。亿万年岁月形成的地质遗迹，由于经受大自然的种种影响，特别是人类影响的不断加剧，能完整保留下来的并不多，非耐受性地质遗迹更是如此。洛川黄土剖面、陕西蓝田公王岭蓝田猿人化石产地等地质遗迹就因黄土边坡的滑坡而备受威胁。许多重要化石产地也都有此类情况发生，为此洛川地质公园启动了遴选新替代剖面的保护工作。当然，也有许多耐受性好的地质遗迹很好地保存下来，如翠华山的山崩、华山的花岗岩地貌等。因此，对地质遗迹的保护需要采取有针对性的措施。需要注意的是，以往普遍认为只要将地质体本身保护好使其不被破坏，就能达到保护的目的，其实不然，从地质体的美学环境看，如果地质遗迹存在的环境受自然或人为破坏，如修建不协调的建筑、周边生态环境脏乱差，甚至社会环境不佳，都是对地质遗迹的破坏。因此，不仅要保护地质遗迹本身，还应该保护好其存在的环境。

第五节　地质遗迹的观赏性

地质遗迹美是一个很宽泛的名词，包括浅层次的色彩美、形态美、奇特美、秀丽美等，更有深层次的科学美、协调美、和谐美、理念美等。

地质公园向公众普及介绍地质知识以发挥其自身的价值，这个价值的表象首先就是遗迹形态的观赏美学属性。游客先是通过认识这种美，再引入对其成因的追索，得到科学认识，从而反过来理解这种美，使认识得以深化和提高，正是因为许多地质遗迹具有观赏美才能成为地学旅游资源。一般人感到枯燥的地层剖面尽管科学意义重大，但仍难以进入游客的视野，就是因为其观赏性不强，所以地质遗迹的观赏美成为建立地质公园的必要条件之一。

但是，地质遗迹如果仅仅是观赏美，那就与一般景点的美差别甚微。前面介绍到，观赏美仅仅是将游客引进地学世界的桥梁，对地质遗迹的认识不应仅停留在感性认识阶段，应上升到理性认知阶段，因此需要了解地质遗迹美的本质和特征。

地质遗迹美究竟是一种什么样的美？当我们走进地质公园时，如何从求知的角度欣赏和理解这种地质遗迹美？本书试图对地质遗迹的广义美学属性加以分析，希望引起讨论并为以后的深化研究做好铺垫。

美不仅表现为物质外在表象的华丽、艳丽，更是属于内在的，属于精神层面的、哲理层面的，对于一个能够明确反映事物发展规律的现象或现实存在，能够遵从其发展轨迹都是美的。二氧化硅按照该组分结晶规律，形成自己固有的六方柱和六方双锥的聚形，体现出一次美妙的矿物典型结晶过程，这就是美。

人审美情趣和审美能力的不同，缘于其知识积累、社会阅历、性格、审美心理的差异，同一事物甲认为很美，乙则不以为然。地质遗迹美的类型很多，但并非任何一种地质遗迹景观都具有一般意义上的美，有许多地质遗迹尽管缺乏华丽的形态美、色彩美，但具有典型的科学含义，同样是一种美，这就是科学美[10,11]，这种美一般只有懂得地质学知识的人们才能感受到。

古希腊罗马时期的哲学家柏拉图认为：美的本质是某种超现实的绝对精神实体，即理念，客观事物本身不具有美，它的美是理念赋予的[12]。黑格尔在其基础上进一步认为[13]：美是理念的感性显现，由现实产生的美与真是同一概念，其借助于感性形象来显现自身的具体特征，美是理性与感性、内容与形式、主体与客体、普通与特殊的矛盾统一体。美一方面是理念，另一方面又是理念的感性显现，理念之所以要通过感性形象呈现出来，那是由于美为了满足人们的精神需求，所以通过实践的方式要在直接呈现于它面前的外在事物中实现它自己，而且就在实践过程中认识自己。

这里我们体会到，对某种地质遗迹的认知需要一定的科学知识做积淀，没有相关知识就不能体会其中之美，这个先期获得的知识就是一种理念，如我们对不整合地质现象的认知形成一种对地壳运动平稳上升或褶皱上升的认识理念，当在野外观察到这种不整合的感性形象时，会产生一种对不整合遗迹的美。这里正如柏拉图所言，事物本身并不美，是特定的理念赋予它美。而这种不整合现象美的理解尚需先期的理念（岩层不整合知识）的赋予。黄土沉积地层尽管缺少观赏美，但连续沉积的黄土所反映出的古气候连续变化的信息对于研究第四纪环境变迁颇为重要，却是不争的事实；岩石的层面构造、层理、不整合、褶皱、断层都可以体现出科学美。一般人对于小桥流水体现的美很感兴趣,而另一些人可能对大漠风情情有独钟,这与其性格特征和社会阅历有很大关系。可见,地质遗迹美要取得所有人的认知还是很难的。而地质遗迹景观研究的关键是引导人们去发现这种美,理解这种美,从而获得心灵的愉悦。

这种具有旅游学意义的地质遗迹美应包括两层含义:一是具有重要的科学研究价值,能从成因上说明或解释一种地质科学现象,其科学属性在全球或区域上具有代表性,稀有并保存完好,这是一种内在的美;二是具有观赏性,体现形态之美,二者应该兼具。这两种美是基础,由此将衍生出更高的理念层次上的美。

地质遗迹科普的终极目标是体验地质遗迹特殊美,从而实现对大自然的尊重,建立人地和谐观。地质遗迹知识教育属于科普教育,地质遗迹知识是一个国家公民应该具有的科普知识,在增长知识的同时,培养和树立一种精神理念和与自然和谐相处的高尚境界。

地质遗迹的这种作用是通过地学旅游活动和对美的正确理解和追求而产生的。与一般意义上的风景观赏相比,一个可用于地学旅游的地质遗迹应具有科学美、观赏美和哲理美。

一、地质遗迹科学美

通过形态等特征来展示某种地质作用的地质遗迹都是很美的,例如,断层面上各种与断层活动有关的构造形迹清晰典型,对于认识该断层有重要意义,它就是科学美;岩层的接触关系是很重要的地质遗迹,因为可以从中解读地质历史上的古构造运动和古地理环境的变迁。由地质学知识可知,大多数沉积岩层在水盆地中形成时,若地壳运动方向一直下降,此时沉积物将连续沉积,其间没有沉积间断,下伏先期沉积物和上覆后期沉积物之间为整合接触关系,反映一定时间内沉积地区古地理环境稳定。如果在沉积时地壳运动方向甚至强度、方式发生改变,即由下降转为上升剥蚀或伴以褶皱上升剥蚀,此时沉积物之间将会形成沉积间断,形成不整合接触关系(平行不整合或角度不整合)(图 4.16)。

清晰的不整合剥蚀面上的风化残余矿物,岩层时代的不连续,岩层产状的差异,这些地质遗迹现象在外人看来不外乎是不同形态产出的岩石而已,但在地质学家的眼中,却是极富科学美的地质遗迹;没有沉积间断的岩层,一层层展示,化石从下向上,由简单到复杂,成为一个完整的化石序列,体现了沉积过程的连续;如周口店猿人头盖骨化石,不是一般意义上的观赏物,它是 60 万年前的中国猿人化石,科学研究意义重大。其实,这里有个看事物的角度问题,从地质学角度看,在野外发现一种具有科学意义的地质现象时,获取知识的满足感、成就感油然而生,我们会异常高兴,从中达到心理的愉悦,这就是美。一个清晰的地层之间的不整合接触,是地壳运动的有力佐证,甚至于具有大区域的分析对比意义,说明区域地壳运动及

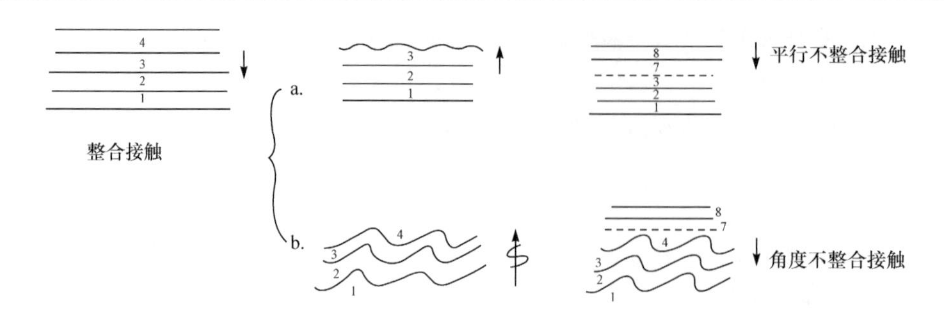

↓地壳下降沉积 ↑地壳上升剥蚀 地壳褶皱上升剥蚀 ----- 剥蚀面(不整合面)

1~8代表地层代号，由老到新

图 4.16 岩层的接触关系及形成模式

构造的演变。许多地质遗迹在外行人看来不美，但地质学家却认为其很美，只有了解地质的人才能深刻理解这种美。这种美是高层次的美，是“阳春白雪”之美。因此，当一个地质遗迹能科学揭示某种地质科学问题和典型地质作用过程及特点时，该地质遗迹就具有了重要的科学价值属性，也具有了科学美。

同样，大漠风情，在一般人眼中没有美可言，但是在地貌探险家的眼中，探究大漠的形成和演变，研究其对人类的影响，进行科学解读，同样是很美的，是一种难得的苍凉、大气之美(图 4.17)。

图 4.17 新疆库布齐沙漠

因此，不仅小桥流水、楼堂亭阁、湖光山色是美；大漠风情、浩瀚戈壁、苍凉的黄土高原同样是美。当然不同人会有不同感受，如果没有任何知识积累，面对着西部这种苍凉、广袤、粗犷的景观是体会不到美的，因为没有地学知识就不能建立理念，没有理念支撑，这些西部的风情在他们眼里也就没有美可言。如果不能欣赏这种景观的美，则人生经历也就不完美。

科学美必须具有严格的科学意义，能够证实或解释某个地质学问题，地质现象或地质遗迹的形态典型，所体现的科学含义对于认识和研究大地构造和古地理环境变迁具有区域乃至全球意义，同时又具有科普教育意义。对于接受知识者，完整典型的地质遗迹美能够使原本模糊的、概念化的逻辑思维在个体形象思维中得到认知和证明，再提升为清晰的逻辑思维。

具有科学美的地质遗迹并非都具有观赏美。有的地质遗迹虽然在一般人眼中可能不具有观赏美，但是包含着重要的科学信息。陕西洛川黄土国家地质公园的黄土地层剖面层序齐全，记录了从新近纪上新世至第四纪晚更新世的地层沉积，其中蕴含着丰富的古气候演变的信息，成为研究黄土高原第四纪的钥匙，更是黄土地层研究的最佳实验室。自 20 世纪 50 年代以来，世界各地诸多的地质学者在此进行了深入的考察研究，建立了第四纪以来黄土高原古气候的变化轨迹。同样，金钉子虽然观赏性不强，但具有很强的科学意义，科学美无与伦比，成为不可多得的罕见地质遗迹。

当然，一个同时具有科学美和观赏美的地质遗迹可能更受人们欢迎，这正是开展地质科普旅游的突破口，更易体现地质遗迹的科普教育功能。遵循科学美的社会认知顺序，以此为切入点，就可以从具有观赏美的地质遗迹升华为具有科学美的地质遗迹。

图 4.18 的褶皱构造，岩层一系列的波状蜿蜒曲折，宛如一条翻滚的巨龙，其完美对称的褶皱形态结构显而易见，更具有观赏价值，体现出一种构造作用力的均衡美，岩层的一层层弯曲，体现出一种构造压应力作用下的科学和谐之美。人们在惊叹大自然如此巧夺天工的同时，也会对这种现象的形成做一番了解，这正是我们普及地质知识的过程。

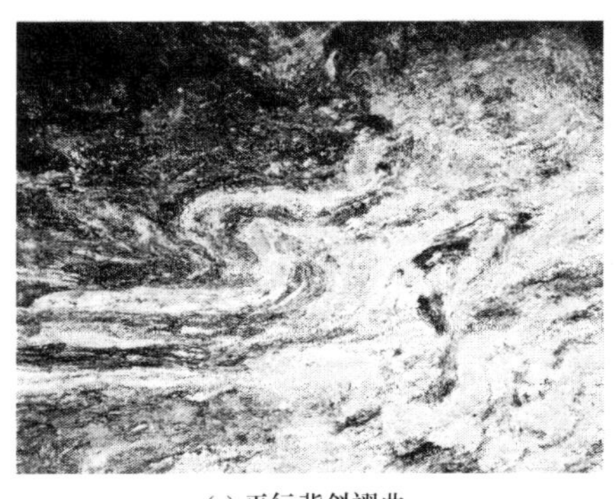

(a) 平行背斜褶曲

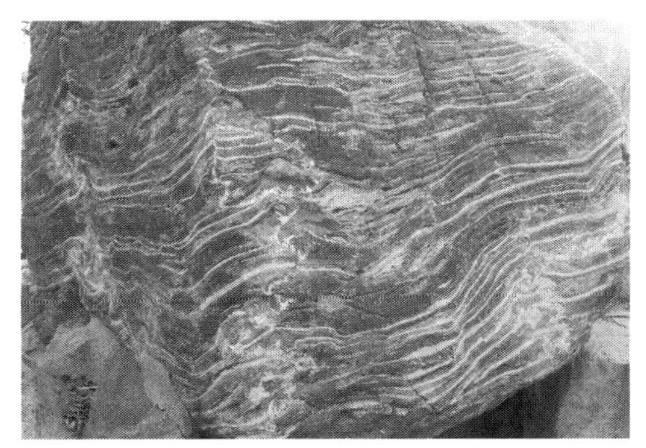

(b) 岩层波状弯曲

图 4.18　褶皱构造之美(陕西岚皋)

但是，还有不少地质遗迹不具有一般人能感受的观赏之美，却具有科学意义，在地质学家看来也是很美的，我们要学会用地质的眼光去发现这些内在的美。

实例 1　层理构造的科学美。

图 4.19(a)是砂岩中的一种倾斜的层理,层理是沉积岩成层的性质。图中看到在两层水平的岩层中夹有 60 厘米厚的微细层理,倾斜展布,向上似被上覆岩层直接切断,向下则逐渐尖灭,称为板状层理,就正常的沉积层位而言,向上被切断的是上层面,向下的尖灭是下层面,根据这种层理可以分析地层的沉积关系。

实例 2　岩石的科学美。

图 4.19(b)是变质岩混合岩化作用中间阶段的产物。其中的黑色和浅色条带相间排列,黑色为铁镁质的岩浆成分,称为基体,浅色为花岗质的岩浆成分,称为脉体,在混合岩化作用过程中,黑色的基体部分将逐渐被浅色的脉体替换,最终全部变成花岗岩成分,形成混合花岗岩,显示了花岗岩的另一种形成方式,因此具有重要的科学意义。

实例 3　节理之美。

图 4.19(c)为砂岩地层,人们感叹岩石中怎么会出现如此平整光滑的面?难道是人工切割的杰作?其实这正是剪切节理力学特征的体现,这是在挤压应力作用下形成的两组共轭剪切面,据此可以恢复应力的作用状态,两组面形成的锐夹角平分线的方向是压应力的作用方向。

实例 4　断层面之美。

图 4.19(d)和(e)是秦岭大断层的断层破碎带地质遗迹。断层面上各种与断层活动有关的构造形迹清晰、典型,面上有大量的断层擦痕遗迹,密集、平整甚至光滑,一般游客可能感到这很奇特,地质工作者则可以从这种形态之美中感受到岩层断裂的艰辛过程。岩块受力沿着此面错位,常常不是瞬间完成的,而是有相当长时间的蠕动,也就是缓慢的错位,这种错位过程就表现为两侧岩体的互相摩擦,于是留下这种擦痕,可以据此分析岩层的断裂性质,顺着新鲜的岩石擦痕向一个方向摸去,感觉光滑的方向就是对盘岩层的错动方向。这对于分析该断层活动特征有重要意义,它体现出的就是一种科学美。

上述实例完整地展示了某种地质作用的特点和过程,分析出许多地质科学理论,因而具有科学美。

(a) 砂岩的板状层理(陕西清涧)

(b) 条带状混合岩(陕西翠华山)

(c) 剪切节理(陕西岚皋)　(d) 断层面的岩石揉皱变形(陕西秦岭小峪口)

(e) 断层面擦痕(陕西岚皋)　(f) 倒转背斜(陕西岚皋)

(g) 泥岩的球状风化(陕西清涧)　(h) 黄土谷缘线(陕西延川)

图 4.19　地质遗迹科学美

科学美和观赏美两者常常是统一的。陕西铜川陈炉古镇以烧制陶瓷器皿出名，所用原料高岭土产自中奥陶统和中石炭统之间的大华北区域性平行不整合面之上，是该剥蚀面长期风化残积成矿的结果，赋存了丰富的风化型高岭土。这个不整合面十分清楚，具有科学美。但是对这种美的欣赏又会因人而异，对于一名从事地质学研究的人来说，可能会从科学美中得到满足，这是最高层次的美。但能否提升一般游客的观赏兴趣？回答是否定的。因为一般游客的知识水平达不到对此现象的科学认知，所以就会感到索然无味。因此要想达到最高层次的美的欣赏需要普及地质科学知识。

这就是说，并非任何具有科学性的地质遗迹都可以用以观赏旅游，在认知初期我们寻求的是二者的结合，远期应达到对景观性较弱的地质遗迹的深层次科学美的认知。

二、地质遗迹观赏美

地质遗迹经常以特殊、精美、奇异的形态及组合、结构构造甚至艳丽的色彩给人们以旅游观赏之美感。翠华山山崩遗迹中形态各异的巨大崩石相互堆砌形成洞穴、堰塞湖等，崩石奇形怪状，或立或卧，或直或斜，千姿百态，嶙峋峥嵘，甚为壮观。堰塞湖青山环抱，水波粼粼，云蒸霞蔚，游船点点，犹如一幅山水画卷。云南石林无数的石峰、石柱、石笋、石芽形成了集奇石、瀑布、湖泊、溶洞、峰丛和丘陵于一身而显得千姿百态的石林群体。张家界世界地质公园包容了石英砂岩峰林、方山台寨、天桥石门、障谷沟壑、岩溶峡谷、岩溶洞穴、泉水瀑布、溪流湖泊、沉积构造、地层剖面、古生物化石等丰富多彩的地质遗迹。宝石是岩石中最美丽而贵重的一类。它们颜色鲜艳、质地晶莹、光泽灿烂、坚硬耐久。其千姿百态、变幻莫测的地貌景观十分吸引游人。

观赏美是引导人们进入地质遗迹世界的桥梁，使地质遗迹能进入普通人的视野。人们首先通过感受地质遗迹体现的各种观赏美进而去细细品味它的故事。

（一）形态美

地质遗迹经常以特殊、精美、奇异的形态及组合、结构构造给人们以旅游观赏之美感。许多矿物常以奇异完美的晶体形态、色彩给人以美感，古生物化石则使人们能直观感受远古时代的生物。岩石不同成分颜色的巧妙搭配寄托人们美好的遐想，特殊的条带状构造、岩脉的互相穿插不但外表奇特，在这些形态美的背后都隐含着一个个鲜活的科学故事(图 4.20)。

(a) 红柱石角岩

(b) 花瓣状方解石

(c) 黄铁矿的立方体晶形

(d) 针状辉锑矿

(e) 蕨类植物大羽羊齿化石

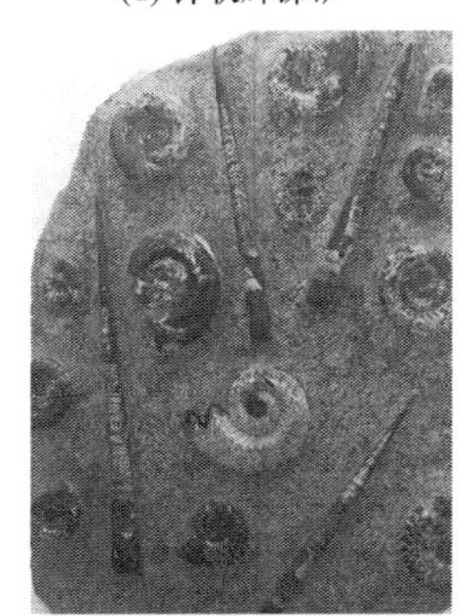

(f) 中华震旦角石(宝塔状)和菊石

图 4.20　岩石、矿物、化石的形态美

在美国怀俄明州东北部的美国第一个国家纪念地——魔鬼塔具有完整几何形态的玄武岩柱状节理，横剖面呈规则的六边形，这是由于岩浆成岩过程中有规律的收缩冷凝而形成的，正是由于特定的地质作用才造就这样壮观的地质美景(图 4.21)。

图 4.21　美国魔鬼塔

“你晓得，天下黄河几十几道湾……”，这首激昂嘹亮的陕北民歌几百年来一直回荡在黄河之畔。黄河在向东奔流之时，从内蒙古河口镇突折向南切出秦晋峡谷，形成数十个大小不一的曲流，在黄河干流有著名的太极湾、乾坤湾等河流曲流地质遗迹,这些弯弯曲曲的河流形态配合周边壮观的黄土地貌,给人们以恢宏、粗犷之美,同时又让人们受到地壳运动的河流下切等地质知识的熏陶。黄河秦晋峡谷太极湾,曲流折返,仿佛一只巨大的神龟,身躯俯向河中,静静地躺卧在这里(图 2.15)。登上观景台,俯瞰这奇特壮丽的景色,黄河在这里环绕太极湾,放慢脚步,收敛嘶吼,展开双臂迎接它的朋友。站在太极湾,极目四望,是浩瀚、连绵起伏的黄土梁、黄土峁与流水侵蚀的沟壑。数百万年以来黄土铸造的高原、深达百米的峡谷、水平展布的岩层,诉说着地质历史的沧海变迁。引发人们"黄河之水天上来"的无限遐想,触动"可怜无定河边骨"的悲壮思绪。

浙江雁荡山,火山喷出作用形成的流纹岩,节理发育,被后期流水侵蚀,产生崩塌,残留座座孤峰。其中剪刀峰最为奇特,随着观赏角度的变化,展示不同的造型,或似船帆,或似桅杆,或似啄木鸟,或似狗熊(图 4.22)。

(a) 剪刀峰船帆　(b) 剪刀峰桅杆

(c) 剪刀峰啄木鸟　(d) 剪刀峰狗熊

图 4.22　雁荡山剪刀峰不同角度观赏的象形形态

在黑龙江五大连池，岩浆的喷出作用（火山）形成了熔岩被，远看黑乎乎一片，成为独特的自然景观（图 4.23(a)）。这里的岩石全部是玄武岩，杂乱堆积，分选差、棱角分明，人很难在上面行走。它的形成是当熔岩流喷出时表面因接近地表，较快冷凝结成一层薄薄硬壳，内部因热量不易散发仍然为熔融状态，此时后期岩浆喷发形成的熔岩流作为推力搅动它，使刚形成的硬壳破裂，连同里面尚未冷凝的熔浆一起被搅动成翻花石。

在陕西省榆林市靖边县的一处丹霞红层，层层岩石似波浪（图 4.23(b)）。这一地貌景观位于鄂尔多斯风沙高原的东南缘，属黄土和风沙的交错带，断断续续分布有黄土残梁，地表上覆沙质黄土。流水侵蚀、风蚀使基岩裸露，使得层理发育的红层地貌景观显露地表。构成红层地貌的岩石是中生代具有水平产状构造的红色碎屑岩，属于白垩纪早期的洛河组（K_{1L}）河流相沉积，沉积了较单一的紫红色、橘红色、灰紫色粗至中粒的长石砂岩、砂砾岩，其中发育了巨型斜层理。

(a) 五大连池熔岩翻花石(黑龙江)

(b) 陕西靖边波浪谷

图 4.23　地质遗迹形态美

靖边红层地貌的岩性疏松，表面风化强烈，岩层倾角小于 10 度，近于水平岩层，最明显的特征是发育有极其明显的、密集的水平层理，地表径流沿着岩石中早期发育的裂隙，在强降水的影响下，强烈侵蚀岩石。先期形成一系列的侵蚀小沟，之后又在风力磨蚀下，小沟逐渐变宽、变浑圆，因流水沿着不同方向侵蚀切割成层岩石，又因观察角度不同，从而形成各种波浪状的观赏景观。

（二）色彩美

一些地质遗迹以色彩绚丽而吸引人。例如，由于岩石成分中含有高价铁，整个岩石显出红色基调，像陕西汉中黎坪、新疆库车大峡谷、青海贵德阿什贡等地的红色岩石，在蓝天、白云、绿树的映衬下熠熠生辉，形成的丹霞地貌以色彩著称，可概括为“色如渥丹，灿若明霞”八个字。甘肃张掖的低山丘陵岩层倾斜，层层岩石鲜艳的红色、褐色、黄色、绿色、白色相间呈现在人们面前，五彩斑斓，异彩纷呈。另外，宝石类矿物常以鲜艳的光泽夺人眼目，而瀑布在光线照耀下形成色彩缤纷的彩虹，这些均给地质遗迹增添了秀丽之美。

澳大利亚的乌鲁鲁(艾尔斯岩)巨石高 348 米,长 3000 米,基围周长约 9.4 千米,东高宽而西低狭,是世界最大的整体岩石。它气势雄峻,犹如一座超越时空的自然纪念碑,突兀矗立于茫茫荒原之上,在耀眼的阳光下散发出迷人的光辉。

乌鲁鲁巨石最为奇特的是色彩的变幻。在不同的季节与不同的气候条件下,该岩石会呈现出不同的色彩,甚至在一天中的不同时间里,也随时跟着光线而变化。清晨,阳光刚刚射到地平线以上,岩石立刻穿上浅红色的靓丽外衣,风姿绰约地展现在众人面前。日落是乌鲁鲁巨石最美的时刻。晚霞笼罩在岩体和周围的红土地上,乌鲁鲁巨石从赭红到橙红,仿佛在天边燃烧,最后变成暗红,渐渐变暗,消失在夜幕里。肉眼看到的颜色变幻有 3～4 种,不过如果将整个过程拍摄下来,会发现乌鲁鲁巨石的色彩变幻比肉眼看到的更加丰富,几乎每时每刻都在变幻,它被称为"人类地球上的肚脐",号称"世界七大奇景"之一,该巨石距今已有 4 亿～6 亿年历史。如今这里已辟为国家公园,每年有数十万人从世界各地纷纷慕名前来观赏巨石风采。

（三）奇特美

许多岩石类地质遗迹有节理裂隙,在自然界后期外力地质作用(侵蚀、剥蚀、溶蚀)的影响下,或崩塌使岩体完整性破坏,或整体外表残缺不全,形成很奇异的自然景观,人们根据生活常识给其以形象的名称,常成为旅游观赏的主要对象。红土受流水侵蚀颇似古生物化石角石(图 2.24)。

图 4.24　陕北佳县的红土侵蚀

野柳地质公园位于台湾新北市万里区，在海蚀风化及地壳运动等作用下，造就了海蚀沟、蜂窝石、蜡烛台、豆腐石、蕈状岩、壶穴、溶蚀盘等奇特景观。

野柳地质公园内最奇特的是蕈状岩和蜡烛台景观(图 4.25)。蕈状岩是岩性差异侵蚀的结果，海浪拍打砂岩中最容易侵蚀的层位，使岩石成细脖子状，而其上的岩石比较坚硬耐侵蚀，得以较多地保留，形成一颗颗大香菇石。蕈状岩是野柳地质公园最具代表性的地质景观，极具观赏性。其中蕈状岩“女王头”颈部修长，脸部线条优美，神态极像昂首静坐的尊贵女王，这块蕈状岩是海水不断侵蚀的结果，因为上下层岩性的差异，红色细砂岩容易被侵蚀，仅残留细颈，上部因砾岩岩性较坚硬则残留较多形成头部。科学家预估“女王头”的脖子会因海水以及风、雨等自然现象而变得越来越细，最终头部断掉，为此，目前野柳地质公园已经用现代技术在景区复制了一尊“女王头”，使得此标志性的美景永存。

(a) 形似女王头的蕈状岩

(b) 蕈状岩

(c) 蜡烛台

图 4.25　台湾野柳地质公园地质遗迹

多个似台状的砂岩体呈圆锥状直立，中央有石灰岩质的小突起(结核)，被圆形的凹槽所围，形成蜡烛台景观。此处的岩石属于含有钙质结核的砂岩，成分不纯，因为岩性的差异，当原岩的其他砂质成分被侵蚀之后，钙质结核则因为耐侵蚀得以保留而突出；接着，海浪在不断侵蚀结核过程中，其周边的砂岩更易被侵蚀而呈现出沟槽；最后，由于海水沿着岩石中的多组节理继续向下方切割侵蚀，经过漫长的时间，逐渐形成圆锥状的奇特蜡烛台景观。

（四）韵律美

韵律美在岩层的层理构造上表观明显，这种构造的特点是岩石组成成分、粒级结构及颜色等在垂向上有规律地重复变化、等间距地平行排列；这种重复的首要条件是单元的相似性或间距的规律性；在岩体或岩层内部，这种现象称为韵律层理，例如，陕北、内蒙古一带的水平岩层层理、陕北清涧水平岩层长石砂岩和泥岩互层、陕北志丹的砂岩斜层理、黄土高原羽状梁坡，甚至人造梯田的展布也常呈现出韵律美(图 4.26)。

(a) 互层(陕西清涧)

(b) 水平岩层韵律(内蒙古)

(c) 羽状梁坡

(d) 梯田(云南罗平)

图 4.26　岩层和地貌形成的韵律

（五）动态美

水体地质遗迹常体现出一种欢快、跳动感。李白的“飞流直下三千尺，疑是银河落九天”就是最好的比喻。涓涓细流，缓缓流淌，仿佛在诉说着旅途的趣事；高悬的激流瀑布一泻而下，吼声震耳，是一种力量的象征，美国与加拿大交界的尼亚加拉瀑布，中国的黄果树瀑布、壶口瀑布莫不如是，它们都体现出一种动态美。更奇特的是澳大利亚的波浪岩高出平地 15 米，长约 100 米，虽然不见流水，但它形象地保留着流水流动的痕迹，形成一排被冻结的波浪。虽静犹动，这真是大自然的奇妙之作(图 4.27)。

(a) 黄果树瀑布(中国贵州)

(b) 壶口瀑布(中国陕西)

(c) 尼亚加拉瀑布(美国)

(d) 波浪岩(澳大利亚)

图 4.27　地质遗迹动态美

（六）静怡美

许多地质遗迹亿万年来赋存于大自然，与形成的环境融洽相处，在深山、密林、小溪流水的衬托下体现出一种静怡美，一切都显得如此和谐。人们抚摸着这些亿万年的石头，远离尘世，放松心情，安抚心绪，与石头对话，听石头诉说亿万年的沧桑巨变，感慨万千(图 4.28)。

山静密林，潺潺流水(陕西汉中黎坪国家地质公园)

图 4.28　地质遗迹静怡美

（七）粗犷苍凉美

去沙漠、戈壁、黄土高原旅游，是一种特殊的经历，这里是大漠风情，飞沙走石、沙尘黄土，天高云淡、梁峁连绵，是恢宏，是广袤(图 4.29)，可以让我们尽情体验大自然的自然风光。这里是探险家的乐园，这里可以放声呐喊，艰辛的生活磨炼使这里的人们似有一股“野性”，面对自然，无拘无束，面对艰辛，从容应战。

图 4.29　大漠之美(新疆罗布泊雅丹地貌)

黄土地貌的整体性造就了其连绵不断、波浪起伏、浑然一体的景观特征，蕴含着力量，有着大气磅礴的气势，给人一种恢宏开阔、意境深远、变幻莫测之感。塬面开阔、梁峁绵延、沟壑纵横，黄土高原有了别样的美：荒凉蕴含着一种生命的力量[10]，在这里，可以释放心情，将心境和大自然和谐相融，在黄土高原，你可以面对浩瀚的“黄土海洋”放声高歌，抒发心中的感怀。这种放松、任情表达心声的举动很难想象会出现在喧嚣的城市。

正是黄土高原的粗犷，让人有了粗犷的心境，从而开阔了心胸，振奋了精神。

（八）时空气势美

大型的地质构造如断层造就的大的地貌反差，常有一种时空气势美，宏大的气势会给人以巨大的时空想象。青藏高原是 6500 多万年来印度板块不断向北移动与亚欧板块碰撞，使位于两大板块中间的古特提斯海闭合、升起的结果；黄土高原是鄂尔多斯地台 2000 多万年来持续平稳抬升的结果；陕西秦岭大断层沿着关中平原南缘从西向东蜿蜒 300 多公里，断层以南高耸的秦岭山地和断层以北相对沉降的渭河平原相接，断层错开的距离达到上万米之多，保存于断层带中的各种运动痕迹和清晰的断层三角面，诉说着数亿年地壳运动漫长的岁月（图 4.30）。巍巍祁连山与浩瀚戈壁、太行山与华北平原、云南大理苍山与洱海、昆明的西山与滇池的对峙，无一例外。人们从这些地质遗迹中感受到了地壳运动的力量和地质历史的沧桑巨变。

图 4.30　秦岭大断层与平原的地貌反差

（九）险峻美

高山峡谷类地质遗迹常以险峻著称，漫游在这些地区，人们会为此而赞叹地质作用的鬼斧神工，折服于大自然的威力，同时又跃跃欲试，感受惊险的刺激。华山的险峻古来有名，沿着花岗岩垂直节理造就的近乎直立的悬崖峭壁，是勇于向困难挑战的旅游者之所爱。他们从中获得成就感、自豪感，增添战胜困难的勇气，在心理上强壮自己（图 4.31）。

图 4.31 华山长空栈道

（十）结构美

黄土高原上覆厚度 50～150 米的黄土。在黄土塬边的沟谷都有出露清楚的黄土剖面，其中洛川县黑木沟出露的地层剖面是世界黄土的典型剖面。此外，一些黄土微地貌如黄土悬沟、黄土落水洞、黄土桥、黄土柱、黄土墙等，结构奇特，天然成趣。完整的黄土地层剖面体现出黄土的无间断沉积过程[14]，是一种连续的整合层序之美；不同形态的地貌体出现的部位、出现的时序，都是有科学道理可探究的；野外清晰可见的沟缘线将沟谷地貌和沟间地貌区分，一目了然；塬—梁—峁—沟谷的景观过渡实际上反映了黄土地貌的发育过程；黄土坡面上的细沟、浅沟、悬沟、切沟、冲沟直到河沟则是土壤侵蚀的序列展示，这些纷呈复杂的景观并没有让人有烦乱之感，反而使人感觉到和谐统一[15]。

（十一）组合美

景观组合美表现在两个方面：

(1) 自然景观的组合。黄土高原景观千姿百态，有深切的沟谷，也有平坦的塬面，虽然都是黄土梁，却形态不同。总的来说，黄土地貌分为沟间地貌和沟谷地貌两种。前者是黄土塬、黄土梁和黄土峁；后者是悬沟、切沟、冲沟等组成的沟谷系统。黄土谷缘线严格地将沟间地和沟谷地分开。这样的划分为观察黄土地貌景观、进行科普教育和研究黄土地貌的发展过程提供了条件，有利于揭示黄土地貌的形成过程。自然界任何物质的形成演变都是有规律的，需要人类不断发现认识。对黄土地貌组合的认知就说明貌似无章法可循的地貌实际上是有规律可循的，对于这样的科学组合，难道不也是体现出一种景观的科学美吗？

(2) 自然景观与人文景观的组合。黄土高原在其漫漫的发展历史中也逐渐形成了有黄土气息的人文景观和民情民俗，如黄陵县的黄帝陵、陕北大秧歌、安塞腰鼓、陕北民歌、陕北窑洞、窑洞窗花剪纸等。这些人文景观都以黄土高原的自然景观为背景，在这样一个特定的背景下散发它们独特的魅力，体现出了中华民族文化的博大精深和源远流长。有什么样的自然环境就会造就什么样的社会环境和生活方式，在黄土高原世代生活的人们，为了适应这样独特的自然环境，逐渐形成了他们自己表达感情和生活的方式。他们独特的居住方式，高亢的陕北民歌、粗犷奔腾的鼓艺、绝妙的剪纸等，正是历经千年沉淀下来的历史文化遗迹，是大自然和黄土地人结合留下的文化烙印。农耕方式与自然也有巧妙的组合，坡面梯田，远景犹如一个个铺着绿色毯子的台阶，十分赏心悦目。绿色生命与地貌相互交错，浑然一体。这种生命和非生命互相包容的景象，让人领悟到生命的奇妙和伟大以及“原天地之美而达万物之理”的美学意境。

中国古代的艺术家始终致力于“以整体为美”的创作，将天、地、人、艺术、道德看成一个生机勃勃的有机整体。这个整体是宇宙万物的一种最正常、最本真和最具有生命力的状态，因此也是一种最美的状态。黄土高原自然景观和人文景观将天地和艺术组合在一起，展现了具有民族特色的黄土文化，使人们在欣赏美景、瞻仰遗迹、感受别样的风土人情时，为民族悠久的历史和灿烂的文化而自豪。

三、地质遗迹哲理美

哲理之美是旅游者达到的最高层次的精神认知，虽然一般旅游者很难达到这一点，但是作为旅游地学工作者，我们有责任引导人们使这一境界成为旅游的终极目的。

一般可以从下述方面体会出这种特殊美：

（1）辩证唯物观。以地壳运动为动力的生物演化、海陆变迁，揭示了地球历史发展过程，地质学研究中对于时间和空间的认识，给人们提供以地质的创造性思维如直观思维、想象思维、灵感思维、创新思维等，培养人们观察、发现和解读事物的能力[16]。生物界的发展并非一蹴而就，总要经过简单到复杂的过程，这应该是公认的生物发展规律，但是客观事物是复杂的，寒武纪生命的“大爆发”似乎又预示着量变引起质变的过程，这个过程急速发展以至于称为“大爆发”。化石的研究对我们提出了挑战，如何用辩证的观点解释？我们知道外力地质作用和内力地质作用就是矛盾的统一体，内力地质作用是通过地壳的升降运动增加地势的高低悬殊，而外力地质作用的风化、剥蚀、搬运、堆积则削弱了这种地势的高低悬殊，而当外力作用使地势悬殊趋于平缓时，内力又会不断使地势再度高差起伏，这样就形成了地球上的高山、盆地、平原以及多姿多彩的地貌形态，成就了可作为风景欣赏的地质遗迹。如果没有自然界地质作用的辩证规律，地球丰富的景观将不复存在，这就体现了一种辩证的统一观。

(2) 人地和谐,天人合一。地质遗迹形态常表现出有规律的和谐,如岩石的层理、褶皱构造的同步弯曲都显示出一种层与层之间的和谐。地质遗迹根植于周边的自然环境之中,与自然环境融为一体,呈现出一种自然的和谐。同时地质遗迹特征常被人们赋予某种移情效应,地质环境之中的人类生活劳作自然也应与这种环境协调,这就是人地和谐(图 4.32)。

(a) 秦巴小镇(陕西青木川)

(b) 黄土高坡有人家(陕西延川)

图 4.32 人地和谐

旅游的美学本质在于三种和谐:人与自然的和谐、人与人的和谐、人自身的和谐。

首先,人们可以通过观赏景观,走进大自然,领略到自然美,达到人与自然的和谐。

其次,某种景观和环境的结合能带给人们视觉和心灵上的双重享受。以黄土高原为例,人们一提起黄土高原,就会想到戴着白羊肚毛巾的老人,一边唱着高亢的陕北信天游,一边手里挥舞着羊鞭放牧的景象。这种景象恰好就是一种人与自然的完美协调,即和谐美的表现,虽然这样的情景随着圈养的实施,现在已很难看到。黄土高原的自然环境使人们形成了许多不同的感情表达方式,面对这广阔无垠的黄土高原,生活在这里的人们自然而然地会用他们特有的信天游来表达其感激之情,会用陕北秧歌来表达其喜庆之情,会用安塞腰鼓来表达其好客之情。与众人同悦,使人际关系更加和谐,达到人与人的和谐。

最后,这种散发着黄土气息的文化风情体现了它与众不同的美,以至于在除黄土高原的任何地方,人们很难找到能与它相和谐的环境以及能与它相媲美的和谐景观。如果旅游者在宽阔无边的黄土高原上欣赏著名的安塞腰鼓,在扬起的黄土和响声震天的鼓声中,一定会被这种人与自然的和谐关系所震撼。裸露的黄土在城市给人们的感觉是难以接受的,然而当这一切发生在黄土高原之上,给人的却是一种自然的美感,人们欣赏到这种艺术美,最终求得自己的愉悦,达到人自身的和谐。

当前，随着“再造一个山川秀美的黄土高原”的号召的落实，黄土高原的水土流失治理取得很大成就，人地和谐观深入人心，已经成为生态环境治理恢复的指导原则，与几十年前相比，陕北的自然地理面貌有了很大改观，这对旅游者和研究者有着很大的吸引力。

生活于地质环境之中的人类的生活劳作自然也应与这种环境协调，这是人地和谐。到黄土高原旅游，人们常常会被黄土高原的气势折服，各种黄土地貌以整个黄土高原为背景，它们的发展无不与黄土高原的地壳运动、气候、植被有关。这种景观和环境的结合能带给人们视觉和心灵上的双重享受。我们常用中华魂、黄土情来赞扬它。站在浩瀚的“黄土海洋”，人显得如此单薄、渺小，不由得萌生出对大自然的敬畏，只有保护大自然，才能和大自然和谐相处。因此，慢慢品味黄土高原景观，常常能给人带来心灵的震撼，理念的升华。

寓情于景，激扬精神。陕西翠华山山崩地质遗迹，似石头的海洋，巨石翻滚，犹如海浪，残峰断崖，万仞直立，似利剑直刺云霄，似雄狮仰天怒吼，似少女亭亭玉立，似巨釜石破天惊，似雏鸽展翅欲飞，似巨龙引颈高歌，寄托着人与自然的和谐，寄托着人们的美好愿望和对力量的崇拜。徜徉在这些巨石之中，感受到的是精神的力量，是一种男子汉的雄壮和强悍。

地质遗迹中的摩崖石刻是古往今来的文人雅士、英雄豪杰将其对自然的崇拜、对人生的感悟、对民族精神的召唤以文字篆刻其上。三峡瞿塘峡口崖壁上，国难当头时爱国将领冯玉祥的“还我河山”四个大字时刻激励着国人不忘国耻、奋勇抗敌。这种精神力量至今鼓舞着后来人。

壶口瀑布的黄河水奔腾湍急，一泄千丈，再由这里一路呼啸千里与海洋拥抱，这是中华民族力量的象征，是一种顽强不屈、百折不挠的精神体现。在民族危难之时，人民音乐家冼星海从瀑布滚滚激流、巨大吼声中获得灵感，创作出《黄河大合唱》。悲愤激昂的歌声鼓舞着中华儿女奋勇抗敌，显示出中华民族决心抗战的坚强意志；今天，黄河滚滚的激流向世界传递着西部人民对新生活的企盼和西部大开发的捷报。

观赏黄河秦晋大峡谷的延川县、永和县的弯弯曲曲的蛇曲地貌，我们为黄土高原的博大、恢宏、苍凉美所折服，“天下黄河九十九道弯”，正是中华民族曲折艰辛奋斗史的象征。追忆中华民族千年历史发展的曲折，喜看今日中华民族的伟业，艰苦奋斗强国梦不再是梦想。寓情于景，激扬精神。在壶口瀑布，人们不仅是观景，更是体验一种中华民族的精神。

再以黄土高原为例，这里是农耕文化和游牧文化的交错带，特殊而恶劣的自然环境造就了人们粗犷、淳厚、朴实、顽强、自强不息、好客的精神和性格；独特的民居窑洞、高亢豪放的信天游、生活气息浓厚的民间剪纸艺术、粗犷奔腾的腰鼓，甚至婚丧嫁娶等民俗风情，无不展现出浓郁的黄土文化风情。远方的游客走进窑洞，主人会用红枣、西瓜、陕北面食热情接待。在陕西省延川县的碾畔村有展现黄土高原民俗民情的窑洞式博物馆，展出的大量农耕生产生活用品是当地人们百年生活历史的写照。

百万年前，我们的祖先蓝田猿人就生息繁衍在关中平原灞河之滨，历史上人文始祖黄帝就静静地躺在松柏环绕的桥山之巅，武则天和李治的合葬墓乾陵以山为冢，头枕高山，脚踩平川，气势磅礴，着力体现皇天至上、帝王威严，给人以肃穆之感。

挖掘黄土高原地貌景观之美的目的在于开展旅游。应分析黄土高原地貌旅游资源开发的潜力和优势，从而提出对陕北黄土高原地貌旅游发展的设想，使旅游业成为陕北新的经济增长点。将黄土高原地貌景观作为旅游资源进行开发时，首先要进行宣传使人们认识到黄土高原的荒凉和广袤也是一种美，进而使人们产生旅游动机。宣传时将黄土地貌景观和黄土高原上的人文景观组合作为一个整体推出，将黄土高原上独特的生活方式和风俗习惯展示出来，将延安革命圣地旅游和黄帝陵旅游等有机联系在一起，展示具有浓厚黄土气息的文化特征，体现出自然和人文特色的结合，从多角度欣赏黄土高原的美。

综上所述，黄土高原以其特殊的自然地理和人文地理景观组合在世界上享誉盛名，人们渴望看看这片孕育了中华民族伟大精神的地方，感受民族魂、黄土情。距离产生美，黄土高原特别对远距离旅游者更有一种神奇神秘之感，它以独特的美吸引人们去欣赏，带给人们以独特的视觉体验，它渴望人们去亲近、去关爱，给人们以理念的升华。

第六节　地质遗迹向科普科考旅游资源的转化

地质遗迹资源的科学性和观赏性，是其特点的两重性。这启示人们不但要通过地质旅游认识其科学性，也希望通过挖掘展示其科学性，从而促进地质旅游的发展。总之要使神秘的地质学走进大众、贴近社会。目前我国正在大力开展地学旅游，地质遗迹必将揭开神秘的面纱，走下神圣的殿堂面向大众。为此，实现地质遗迹向科普科考旅游资源的转化尤为必要。下面以两个实例来说明这种转化的过程。

陕西翠华山山崩是一种大自然的破坏作用形成的地质灾害，但是换一个角度，其何尝不是人类研究崩塌地质作用进而认识地球历史的窗口，因而具有很高的科学研究价值；而且陕西翠华山山崩作为大自然的杰作，造就了多种奇异的自然景观，具有很强的旅游观光和美学欣赏价值，当初人们来此地主要是将这里作为一般的自然景点来欣赏湖光山色，殊不知看到的不是一般的湖泊，也不是一般的山体。

将这种原本一般的自然景观提升到一类很特殊的具有重要科考与旅游潜力的地质遗迹的高度，这个过程就是地质遗迹向科普科考旅游资源的转化。

我国西北地区有广袤的黄土高原，浩瀚的沙漠戈壁，奇特而荒凉的彩丘、雅丹、土林、岩石洞穴等水、风蚀地貌，在固有的思维中，这里是荒凉的不毛之地，我们在抱怨大自然对西北地区不公的时候，可曾想到其实这也正是大自然赐予人们最好的礼物。南方的小桥流水、楼堂亭阁固然很美，但西北贫瘠的土地孕育了另类的大气粗犷的风景观赏之美，同样可以吸引游客前来观赏体验。这样好的资源以往没有引起人们的注意，实在是一种资源浪费，也是旅游的疏忽遗漏。这些年来，旅游业的发展和人们追新觅奇的心理促使这些地质遗迹资源正在被重新认识。

下面通过黄土地貌景观资源向地学旅游资源的成功转化对上述内容加以说明。

一、地貌景观美是旅游资源的前提

黄土高原地貌景观虽然成因有别，但均具有观赏价值。地貌类型组合和宏观地貌与景点地貌结合均好，美学属性独特。

陕北虽然生态环境恶劣，但从旅游学观点看，凡是能给旅游者带来新奇感、引发旅游想法的事物和地区都具有旅游意义。旅游对象的环境特征与旅游者平时所处的环境反差越大，越易激起旅游动机，这是将其转变为旅游资源的先决条件。与旅游者居住地环境反差强烈的黄土地对于远距离的旅游者将具有更大的吸引力，它给人们以神秘感。旅游者将整个黄土高原作为观赏的对象，了解黄土高原，体验黄土高原的荒凉、粗犷，从宏观景观上得到心灵震撼，从微观形态上得到艺术造型美，享受异样的美感，获得异样的新鲜感，这是推动地貌景观旅游资源化的外部动因。当前由于黄土高原生态环境恢复重建，荒山秃岭已经披上绿装，给粗犷的黄土高原平添了几分灵秀，退耕还林的成果又为黄土地貌旅游注入了生态旅游的内涵。

二、转变思维，变废为宝，寻找脱贫致富新路子的需要

长期以来我们关注的只是这片土地日益受到的荒漠化威胁，总认为这是片荒凉的贫瘠之地。对于黄土高原地区的人们来说，为了改变这里生态环境恶化的状况，进行了大规模的退耕还林，以恢复良好的生态环境，但经济发展仍然缓慢。是否有办法使黄土高原加快致富？黄土高原致富的途径究竟在哪里？这是关心黄土高原的人们无不在苦苦思索的问题。这片贫瘠的土地，虽然因水土流失而沟壑万千，但是换一个角度思考，奇特的地貌何尝不是一种难得的观赏对象。将荒凉的黄土高原地貌景观转换为旅游资源，应该是黄土高原加快致富的一条新途径。

由于生态恢复重建，退耕还林，农民要脱贫致富必须另辟蹊径。我国很多偏僻的地区，经济奇迹般地发展正是得益于有某种特殊的景观资源，这种潜在的旅游资

源一旦被认识开发则可以在短期内产生巨大的经济效益。许多地质公园大多位于这样的地区，如河南省焦作市修武县的云台山、四川省九寨沟县的九寨沟、甘肃张掖的丹霞地貌等。特别是云台山大力发展旅游的经验，成为贫困地区以旅游为增长点，带动经济腾飞的典范，被称为“焦作现象”。

有如此好的黄土地貌景观，我们何不在黄土高原也创造出旅游奇迹呢？能否通过旅游开发给黄土高原寻找出新的内部造血机能？回答是肯定的。这是一种全新的振兴黄土高原的思维模式。西部大开发中，我们完全可以借鉴外地的成功经验，促进和加快黄土地貌的旅游景观资源化进程，挖掘潜在旅游景观成旅游资源，创建黄土高原经济发展新的增长点。

要求通过发展旅游带动经济发展尽快脱贫致富的呼声在黄土高原越来越高涨，形成一股强烈的内部动力。近年来，陕西省宜川县、延川县、清涧县、佳县等地政府认识到了这种资源转化的重要性，积极挖掘黄土地貌、黄河、无定河峡谷瀑布及曲流地质遗迹资源的旅游价值，已经取得较好的社会效益和经济效益。他们的经验具有很大的推广意义，希望能尽早为黄土高原其他地区所吸取。

三、现有景点的带动效应明显

陕北黄土高原一些人文景点（如帝王陵）的先期开发，特别是红色旅游热的兴起，使革命圣地延安的旅游高潮迭起，已经吸引了大批旅游者，他们是陕北旅游的先行者。黄河壶口瀑布国家地质公园经过多年的建设已成为陕北自然风光旅游的亮点，起到很好的带动作用。地质公园虽起步较晚，但正在打造黄河曲流、黄土地层和地貌景观旅游品牌。有两个问题需要注意：一是陕北三个国家地质公园，除黄河壶口瀑布国家地质公园发展势头较好外，其余两个目前的游客数量都不大，效益不是很显著，特别是科学性很强但观赏性不足的陕西洛川黄土国家地质公园，自然旅游景点的游客数量远低于人文旅游景点的游客数量；二是这些景点除延安外，或主要位于南部，或只是点上的旅游，而真正体验梁峁沟谷地貌景观的也就在延安北部和东部，但因为我们还没有深刻认识到黄土地貌本身就是旅游资源，所以黄土高原的腹地地貌景观还未开发。其实，只要游人一只脚已经踏入黄土高原，心里自然还渴望走进神秘的腹地去探奇，去亲身体验黄土、体验黄土地貌景观。因此，只要能在腹地处理好地貌景观资源的组合和包装，就能将游人吸引过来。

同时也要认识到，在黄土地貌旅游初期，必须借助于人文旅游来带动，毕竟单纯为看地貌风景特意去黄土高原的游客并不多，因此应采取“搭便车”的策略。这些年以延安为龙头的陕北红色旅游热正在兴起，为黄土地貌旅游提供了很好的契机。据 2019 年 1 月 16 日，延安市政府新闻办公室发布的信息，2018 年全市共接待旅游者 6146.04 万人次，旅游综合收入达 410.7 亿元，同比分别增长 25.68%和 31%，但是这样的客流量目前主要是通过红色旅游和陕北风情游、壶口瀑布、黄帝陵游等传统产品体现出来的,今后黄土地貌景观旅游可以和上述旅游产品捆绑作为新的旅游产品推出。

四、黄土地质遗迹资源合理开发利用的思路

(一) 突出特色,原汁原味,保育环境

没有特色就没有优势可言,黄土高原的旅游优势就是荒凉的黄土地貌景观及在此背景下的黄土文化。因此,必须保持其原汁原味。这种无为而治反而效果要好,只要不人为破坏,多年以后呈现的必然是大自然原本的面貌,不失为一种积极的保护。当然,对于许多因植树造林已经绿起来的地方,生态环境已逐渐好转,则要保育好环境。黄土文化是依附在这片土地上的,窑洞仍然是这里多数农家的居住选择,应当保持极具特色的窑洞民居,既符合人地和谐观,也符合人文生态旅游观。

(二) 与水土保持结合创建环境美

通过多年的水土流失治理,黄土高原面上的生态环境已经有了很大的改善。黄土高原地区的水土保持已经进入了新的阶段,有可能在进行水土保持的同时,更注重美化环境[17]。

这里出现了不同类型的人地和谐典范,如许多水土保持示范小流域、城郊型水土保持工程、工矿城镇如大柳塔的生态环境保护、众多的淤地坝水库等。水土保持工程的建设不只是抵御水土流失,还应兼顾游览休憩功能。植树造林就要考虑什么样的树型更有景观之美,什么样的林相更利于观赏休憩,这给新阶段水土保持提出了更高的要求。这样的工程当前首先是在城镇近郊进行,如陕西延川县城附近就有一条黄土沟,经过绿化美化,植被茂盛,养育了一批观赏动物,已经成为当地人假日的好去处。这样既保持了水土,又改善了环境,这应该是今后水土保持的新方向之一。一些小流域的淤地坝工程既具有生态效益又颇具观赏功能,建成小水库供游人游览,尽管规模很小,但在黄土高原地区有这样的粼粼水波、绿树成荫的好去处也难能可贵。当整个黄土高原人地矛盾仍十分尖锐时,这些景点展示了只要人们尊重大自然、保育大自然,大自然就会恩赐人类福祉的范例。

(三) 宏观地貌景观旅游与自然景点旅游结合

可以说,整个黄土高原就是一个大的旅游景观,可以开展“黄土地貌风情游”,将黄土高原地貌景观广袤无垠、千沟万壑、连绵起伏的宏伟气势和苍茫、恢宏而又深藏着悲壮、刚毅的气质作为旅游资源,展示出它拥有的与众不同的奇异的自然风光以及它与众不同的自然美、和谐美、组合美、粗犷美,带给人们视觉上的冲击。具

体操作上可以线路(主干或支线公路)旅游组织。

线路旅游应把点上的旅游资源整合建设好,目前黄土高原的地质公园应该成为这种点上资源整合的范例。在公园内处理好保护地质遗迹与利用的矛盾,把点作为旅游的亮点,以点为根本,各点之间以线相串,设计地学旅游路线,形成特殊的地学旅游走廊。在旅游路线上欣赏面上的地貌景观,在公路制高点处设置观景台,以便于游客下车后在路边即可欣赏宏观地貌景色。实现点面(线)交融,以点带面(线),以面(线)衬点,做好点上的旅游以带动面上的旅游。

应与农民脱贫致富相结合。开展黄土高原地貌旅游的根本目的在于为当地经济发展提供新的支撑,为农民脱贫致富服务。因此,应该照顾到当地的利益,开发的旅游景点应注意不带来灾害性地质过程的发生;游人的活动不应危及当地的生态环境和居民生活;基于旅游而进行的植树造林可发展经济林木,配合各地的采果节,让农民获得实效。一些展示民俗民情的旅游活动可收取一定的演出费用,各景点服务工作应吸引当地人参与,旅游收入应主要用于地方建设等。

人文和自然结合。黄土高原旅游起初就是由人文旅游所带动的,从最早的乾陵、黄帝陵到新兴起的革命圣地红色旅游,再到民俗民情旅游,在这里感受中华魂、黄土情,得到一种强烈的精神享受和理念启迪。但是这又必须在黄土高原大环境的背景下才能实现,正是这种特殊的大环境氛围衬托出了极具特色的黄土文化,恶劣的大自然环境造就了人们粗犷豪放的精神性格,在这个大平台上演绎出一幕幕动人的传奇故事和劳作方式,因此需将人文旅游和自然旅游相结合。

地学科普宣传。旅游者在感慨黄土高原壮观的同时,自然会刨根问底,高原是怎么形成的?黄土是从哪里来的?什么原因形成如此奇特的沟沟壑壑?黄河上为何有这么多的曲流、瀑布?这些问题必须由旅游地学工作者回答,现在黄土高原建立的地质公园担负着这样的任务。可以设想在公园内部应通过宣传、导游、解说牌、展览等方式来进行科普教育,另外可以组织专门的“黄土地貌科学考察游”,设想可将目前建成的陕西延川黄河蛇曲国家地质公园和山西永和黄河蛇曲国家地质公园也作为一项与“黄土地貌风情游”相连的地学旅游路线。为此应积极申报建立黄土地貌世界地质公园。

黄土高原地貌具有很大的旅游意义,努力转变思维,让当地更多的人认识开发潜在黄土地貌旅游资源的意义,让旅游者认识黄土高原地貌景观的旅游魅力,努力推进黄土地貌世界地质公园的建立,将是我国旅游地学界的重要任务。

期望本书的撰写能唤起人们对黄土高原的热爱,使人们走近黄土高原、感受黄土高原、关爱黄土高原,为中国特色地质景观旅游增添新的亮点,促进黄土高原的社会进步和经济发展。

参考文献

[1] 吴成基,彭永祥. 西安翠华山山崩地质遗迹及资源评价[J]. 山地学报,2001,19(4):359-362.

[2] 吴成基,赵辉,胡炜霞,等. 陕西翠华山水湫池山崩遗迹形成年代[J]. 山地学报,2009,27(3):349-352.

[3] 刘护军,薛祥煦. 对渭河盆地新生界及其年代的讨论[J]. 地球科学与环境学报,2004,26(4):1-5.

[4] 郭力宇. 陕西南秦岭南宫山景区地质遗迹特征及其研究[J]. 安徽农业科学,2010,36(31):17753-17755.

[5] 吴成基,陶盈科,林明太,等. 陕北黄土高原地貌景观资源化探讨[J]. 山地学报,2005,23(5):3-9.

[6] 张隆隆,刘跃,杨勃. 洛川黄土地质遗迹保护及旅游提升初步探究[J]. 中国科技信息,2011,(9):291-292.

[7] 陈安泽. 旅游地学大辞典[M]. 北京:科学出版社,2003.

[8] 常钦. 新地质遗迹 考验保护与开发[N]. 人民日报,2017-03-25.

[9] 洪增林,徐通,薛旭平. 基于 AHP 的地质遗迹旅游资源评价——以汉中天坑群为例[J]. 中国岩溶,2019,38(2):276-280.

[10] 陈诗才. 自然美、地质体的观赏特性及其观赏效应的研究[J]. 旅游学刊,1988,3(S1):30-32,46.

[11] 陈诗才. 自然风景旅游[M]. 北京:地震出版社,1993.

[12] 方珊. 美学的开端,走进古希腊罗马美学[M]. 上海:上海人民出版社,2001.

[13] 朱立元. 美学大辞典(修订本)[M]. 上海:上海辞书出版社,2014.

[14] 孙建中. 黄土学[M]. 香港:香港考古学会出版社,2005.

[15] 赵婷,路紫,吴成基. 论陕西黄土高原地貌的景观美学属性[J]. 山西师范大学学报(自然科学版),2007,21(3):95-99.

[16] 王战. 地学哲学的理论与实践[M]. 北京:地震出版社,2010.

[17] 甘枝茂. 水土保持发展的一个新方向——试谈城郊型水土保持[J]. 中国水土保持,1993,(2):50-51.

第五章　地质遗迹成景

第一节　地质遗迹成景的基础

一、地质遗迹景观美是地质遗迹科学性普及的桥梁

地质遗迹虽然具有科学性，但其严谨的科学性和呈现的复杂、难以理解的地质科学理论使其不易为大众感知，因此要使其走向社会，让广大受众接受则必须寻求一座连接地质科学和社会的桥梁，即一个切入点。于是，地质遗迹的景观观赏价值就自然显露。试想仅具有科学意义的地质遗迹，尽管在地质学家的眼中是举足轻重的，但是一般游客仍然对这样的地质遗迹缺乏亲近感，茫然不知所云，那么如果地质遗迹还具有很强的观赏性，其科学美若能通过最易于被社会认知的形态美、色彩美、结构美等呈现出来以吸引游客，首先拉近人们与地质遗迹的距离，进而人们会自然想了解这种美的形成原因，于是地质遗迹科学性将被引出。这就是寓教于乐，将在潜移默化中学到地质科学知识。

二、地质遗迹景观的单一型和双重型

为便于研究地质遗迹的利用，根据地质遗迹的属性特征，将地质遗迹景观分为单一型和双重型两种。

（一）单一型地质遗迹景观

单一型地质遗迹景观主要具有科学价值，但不具有明显的观赏价值，这样的地质遗迹主要是地质工作者的研究对象，因其具有重要的科学性必须很好地进行保护。下面结合实例加以说明。

1. 陕西洛川黑木沟黄土地层

位于陕西省洛川县的黑木沟黄土剖面厚度大，沉积层序完整，是第四纪以来黄土沉积的典型地区，已建立黄土标准剖面，剖面蕴藏着丰富的第四纪古气候变化的信息，对于研究和预测未来全球气候变化极为重要，因此成为中国乃至世界黄土研究的首选实验基地。但就其旅游价值而言，此处景观单调，缺乏旅游观赏性，因此游人一直寥寥无几，局面尴尬。

2. 陕西柞水泥盆系剖面

陕西柞水溶洞国家地质公园的泥盆系岩相剖面地质遗迹是陕西省第一个由地矿部门和地方政府联合发文保护的地质遗迹，研究分析该剖面地质遗迹可重塑中秦岭的地质历史变化。剖面整体构成一部碳酸盐岩台地沉积模型的发生、发展、消亡的演化历史。剖面上露出的河流相、冲积扇相、河口湾相、海潮坪相、浅海陆棚相、生物礁相及次深海盆地相等沉积组合，各种微相带清晰可见。剖面上沉积层序保存完整，界线清楚，由沉积层序所反映的海平面相对变化，清楚地再塑了沉积盆地的发育史[1]。

3. 云南澄江动物群寒武纪早期古生物化石群

云南澄江动物群寒武纪早期古生物化石群生动地再现了5.3亿年前海洋生命壮丽景观和海生动物的原始特征，为研究地球早期的生命起源、演化、生态等理论提供了珍贵证据，不仅为寒武纪生命大爆发这一非线性突发性演化提供了科学事实，同时对达尔文渐变式进化理论发起了挑战。

4. 浙江长兴灰岩金钉子

浙江长兴煤山发现的牙形石化石作为划分古生界和中生界的标准化石，以此确定古生界和中生界的分界线，已经得到国际地质科学联合会阿根廷会议认可。

一般的地层类地质遗迹科学性很强，但不具有很好的观赏性，可归入单一型地质遗迹景观。这类地质遗迹应注入新思维，力求开拓旅游市场，例如，洛川黄土可以博物馆为接入点，建设世界最大的黄土博物馆，利用高科技手段，动静结合、虚实结合、标本和展板结合、辅以互动式答疑解惑等手段科学展示黄土形成、黄土地层、黄土地貌、黄土科研及意义、黄土高原的生态环境建设、水土流失治理、黄土高原民风民情文化等多项内容，游客在参观完博物馆后再进入黄土剖面地质遗迹区继续观赏，如此生动活泼的游览形式一定能吸引游人；同时积极争取全球科学家和高校师生来此实习，建立实习基地，开展科普科研。以开拓的视野看，该公园的地质遗迹属于全世界，宣传的目光应放得更广更大，建立黄土研究、科考、观光的高端市场。

（二）双重型地质遗迹景观

这类地质遗迹既具有科学价值又兼具旅游观赏性，在地质遗迹中所占的比例最大，花岗岩地貌、岩溶地貌、火山地貌以及许多奇特的地质遗迹如丹霞、山崩、雅丹地貌都是很好的旅游景观，近年来，随着探险、猎奇旅游的发展，一些原本旅游者罕至的地质遗迹，如戈壁、沙漠，也逐渐被旅游者接受，开拓了地质遗迹旅游资源的概念。

1. 陕西柞水岩溶地质遗迹

陕西柞水岩溶地质遗迹位于北亚热带和暖温带的气候过渡带，且属于造山带中典型的岩溶地质遗迹，溶洞地貌和峰丛地貌兼而有之，溶洞数量巨大，岩溶过程显著，成层状分布，反映出造山带岩溶受地壳间歇性抬升、河流强烈下切侵蚀溶蚀因素影响明显的特征，成为我国西北罕见的最大、最集中的溶洞及峰丛群(图 5.1)。这种处于强烈上升的造山带和气候过渡带的岩溶发育特点反映了喜马拉雅运动以来秦岭地壳多期间歇性抬升的演化过程，对于研究中秦岭地质发展史具有重要的科学意义，在我国北方岩溶地貌研究中也具有特殊的科学地位和价值，在国内岩溶地质遗迹中独树一帜。偌大的岩溶面积(溶洞群、峰林地貌)在南北方过渡地带稀有独特，在秦岭造山带也属罕见，具有稀有性和典型性。

(a) 天佛洞

(b) 峰丛(对峰台)

图 5.1　陕西柞水溶洞及峰丛地质遗迹

上述地质遗迹因其重要的科学价值、典型的特征成为认识和研究秦岭地质发展的“天然实验室”和“历史教科书”，因而也具有科学美。

溶洞内多期形成的钟乳石造型景观形态各异，以奇洞、青山、碧水、绿林为特色，集奇、秀、险、趣于一体，衬托在秦巴文化的神韵中，更显现出其独特的形象内涵；而风洞中数量众多、各种形态的硅板和石钟乳、石笋、石柱的巧妙配合给溶洞游览增添新亮点，游人为之震撼，具有观赏美[2]，不枉“西北一绝”之美称。

2. 云台山世界地质公园地质遗迹

在喜马拉雅造山运动影响下，云台山山区急剧上升，河流迅速下切，形成又深又陡的峡谷。其后，地表、地下水沿裂隙对岩石进行溶蚀，再加上其他风化营力的影响，形成如今的山、石形态[3]。

公园内出露距今 14 亿～3 亿年间的中元古界—上石炭统太原组地层，系统完整；有太古宇—古元古界基底及大量的构造地质遗迹，如中元古界表壳岩的底辟穹窿构造、盖层的超覆构造、韧性剪切带构造、韧-脆性变形构造、脆性断裂构造、单面山构造，以及盖层中的垮塌构造、滑坡构造、新构造运动遗迹。这里的嶂石岩地貌十分典型，为中国三大砂岩地貌之一(另外两个砂岩地貌分别是丹霞地貌和张家界地貌)，是基于旅游地貌的一种新型地貌类型。云台山红石峡谷(图 5.2)由红岩绝壁构成，形成绵延数公里的岩墙峭壁、三叠崖壁，赤壁丹崖，岩层似桌，崖台叠置，瀑布飞流，如屏如画，十分壮丽，又称为云台地貌[4]，既具有科学性、典型性，又具有美学观赏价值。

图 5.2　云台山红石峡谷地质遗迹

公园内水体和水动力作用极为发育，形成的瀑布、溪泉和河流钙华阶地、钙华瀑布、钙华滩等代表了我国北方岩溶的特点。

第二节　地质遗迹成景的类型

地质遗迹是通过其体现的景观被人们所认知的，所谓景观，不同的学科理解不一样，是一个很宽泛的名词。地理学对于景观的理解是某个自然地理区域的总体自然特征的表象[5]，旅游学意义上的景观类同于人文或自然景色。景观既可以因景色之美而具有观赏属性，也可以没有观赏美的属性，也就是说，景观不一定等于景色美，景观不一定都具有旅游意义，也不一定都能给人们带来愉悦感，但可以反映出事物的某些物理、空间上的特征。物质世界任何客观事物都可以在物理上表现出一定的景观。因此地质遗迹景观不论是单一型还是双重型，均具有景观属性。

地质遗迹成景的类型很多，概括起来有以下几种。

一、地质遗迹作为主景

地质遗迹以其本身的物理形态存在于自然界中，以特殊的结构构造形态展现出严谨的科学性或观赏性，根据地质遗迹作为主景表现的不同形态分为以下几类。

（一）突出科学性的主景

对于单一型地质遗迹景观，自身的典型性是造景的基础，关键是这种景观只是被专业地质工作者认知，尽管如此，它也是一景，例如，一个典型的不整合，上下地层之间沉积间断，年代不连续（若角度不整合，则地层的倾角差别大），不整合面（长期的剥蚀面）上的底砾岩发育，有风化残余的矿物（如褐铁矿、铝土矿等），组合形成很典型的不整合地质遗迹。

实例1　华北区域性平行不整合。在华北地台，受加里东运动地壳上升影响，中奥陶世晚期开始就已经脱离海洋环境形成古陆，经历了志留纪、泥盆纪和早石炭世的长期剥蚀。直到晚古生代的中、晚石炭世地壳开始下降，经多次的海侵才又接受沉积，沉积间断约达一亿数千万年之久。因此，在中奥陶世晚期和中石炭世之间形成华北区域性平行不整合。如今在很多地区都可以观察到这种不整合地质遗迹，其标识如上所述。不整合面不但有地质意义，而且具有人文旅游及经济价值。在陕西的铜川陈炉古镇，正好因为不整合面上形成了风化残积的黏土矿物高岭土层，陈炉因烧制陶炉而出名，陈炉窑将耀州窑的炉火传承至今已有1300余年，是唯一连续烧造从未断烧的耀州窑系窑炉，是研究古陶瓷的活化石。在千年的瓷业发展历史过程中，陈炉古镇积淀了深厚的陶瓷文化，吸引着广大专家学者、文化艺术界人士和中外游客来此考察参观。

实例2　典型的背斜构造。在陕西岚皋大巴山四季河中奥陶世石灰岩地层形成宽缓的背斜，属于平行褶曲(图5.3)。一套大致呈同心状弯曲的褶皱岩层，越靠近弯曲中心处岩层褶皱越强烈，从中可以窥见其形成方式，这种褶曲通常是在平行岩层的侧向挤压下发生的弯曲而且岩性比较一致，多出现于褶皱不十分强烈的地区。

图5.3　地质遗迹构成的主景——平行褶皱(陕西岚皋大巴山四季河)

(二) 寓情的主景

很多地质遗迹主景形态独特，人们在观赏时总是会将某种情感融入、寄托于其中，使得地质遗迹景观具有像人类一样的思维情感，心理学上称为“移情效应”。旅游中许多观赏对象正因有了人们的这种情感寄托，显得更具有生命力和亲和力，地质遗迹正是承担这一任务的主角。

作为寓情的地质遗迹景观或形似或神似(图 5.4)。形似是指地质遗迹本身的形态被地质营力改造后类似于某种客观事物,岩浆喷出熔岩流铺盖大地似被子称为熔岩被,火山喷出的管道似颈称为火山颈,溶洞化学沉积物更被比喻为石钟乳、石笋、石柱、石幔、石旗;岩石或矿物因所含成分的差异形成美丽的图案,形似日出,形似秋色,寄托着人们对大自然的赞颂。地层中的沉积结核层似蠕动的巨蛇,形似大脑的智慧石、台湾野柳地质公园的"女王头"这些都是一种形似。神似的地质遗迹多给人以一种精神层面的联想,河流侧方侵蚀,形成弯弯曲曲的河道称为蛇曲;壶口的激流瀑布,象征着中华民族数百年来发展的曲折和艰苦历程;翠华山的崩石,似挺立的男子汉,是一种力量的象征;剑石是巨石沿两组相交节理面崩塌,形似

(a) 日出　(b) 秋色

(c) 蛇形石　(d) 母子情深

(e) 剑石　(f) 阿诗玛象形石

图 5.4　寓情的地质遗迹

一把倒插的利剑直指青天;陕西翠华山的崩石造型母子情深;云南石林的石芽造型阿诗玛则比喻对美好生活的向往或对爱情的忠贞。

二、地质遗迹作为衬景

地质遗迹经常作为某种风景地的背景,起到烘托主景、营造氛围的作用。广义而言,地壳隆起形成的山地,是村庄和许多旅游资源的衬景;广阔的海洋、湖泊又是许多亲水景观的借景;起伏的丘岗,则是园林布局与建设的理想场所。“依山傍海”、“远山近水”、“近水楼台”等景观都是以特定地质地貌为背景的。

黄土地貌是窑洞的衬景。黄土高原上的黄土地貌常与人文色彩的窑洞融为一体。先民巧妙利用黄土特征和地形,挖掘窑洞居住,黄土地貌地质遗迹作为衬景,烘托出陕北民居的鲜明特色和浓郁的人文风情,突出了黄土高原的博大、粗犷、苍凉之美,并升华为人地和谐观,正如同歌词所唱:“我家住在黄土高坡”,一下子将我们带进那洋溢着质朴和浓郁强烈生活气息的黄土地。在这里,人对大自然的敬畏和尊重得到充分展现(图 5.5(a))。

威海的蓬莱阁矗立在海边,一望无际的海洋衬托出仙境蓬莱阁庄重、秀美和挺拔的形象(图 5.5(b))。

(a) 黄土高坡

(b) 威海蓬莱阁

图 5.5　地质遗迹衬景

三、地质遗迹作为借景

借景是将园外之景巧妙地组合于园内,使景深增加、层次丰富,形成有限的空间、无限的景色,使园内、园外景观融为一体。借景有远借(如远山)、邻借(如大树)、仰借(如楼阁)、俯借(如池鱼)、应时而借(如花草)。借景能使园林空间范围扩大、画面生动,景观层次丰富,因此在我国造园艺术中占有极重要的位置。许多景区将周边的山脉、水域作为借景以丰富景观的内容,增加进深和意境。北京的颐和园佛香阁紧邻昆明湖,风景优美,更因有了玉泉山的衬托,彰显出北方皇家园林的浩大、壮丽之气势。而新疆天山的天池在博格达冰峰的映衬下更显得幽静和神秘(图 5.6)。

(a) 玉泉山是颐和园的借景

(b) 博格达冰峰是新疆天池的借景

图 5.6　地质遗迹借景

四、地质遗迹作为添景

添景是在空间较空旷、景观较单一、景深层次缺乏的地方,添加某一景观以改变或提升该空间构景手法。有些岩石因具有奇特的结构而成为景观石,如北京人民大会堂北侧的泰山石(图 5.7(a)),摆放在庄严的人民大会堂前,是构景手法,也是中华民族厚重悠久历史的象征。有些岩石本身可能并不具有明显的景观美学价值,但是与其他景观结合则会成为绝佳的风景,如常见到公园中的景观石点缀在绿茵草坪之中,有些篆刻有文人诗词,虽然是陪衬之石,但给公园增色不少,显得宁静雅致,因此被称为文化石的岩石也别有韵味。西安曲江遗址公园此类文化石颇多,

(a) 北京人民大会堂北侧的泰山石

(b) 西安曲江遗址公园的文化石

图 5.7　地质遗迹添景

并篆刻有唐代文人雅士的名诗词，放在特定地点，与其他景观配合，加深了西安曲江遗址公园的唐文化内涵(图 5.7(b))。

五、地质遗迹组合景观

地质遗迹更多的是作为组合景观出现，这种组合可以是地质遗迹群体的组合，也可以是地质遗迹与其他自然景观或人文景观组合在一起，形成丰富多彩的自然奇景。岩溶地质遗迹在溶洞中常以不同形态的石钟乳、石瀑布、石柱、石笋、石帷幕等组合在一起，更会给人以景观变幻无穷、多姿多彩、壮观、震撼和造型之美。地质遗迹与大自然组合体现出地质遗迹与其形成的大背景的协调美，与人文景观的配合彰显出人文景观与其形成的地质地貌大环境的协调美。

美国黄石国家公园有山、水、石、林和动物，共同映衬出黄石之美。热气泉地热资源丰富，公园黄色的火山石、深切的沟谷、瀑布激流、森林等景观组合在一起，形成了黄石公园特有的自然景观(图 5.8(a)和(b))。

白雪皑皑的长白山与天池湖水，博格达晶莹雪白的冰川与天池，无不相映成趣，巴丹吉林沙漠与湖水、胡杨林、蓝天共同构成中国最美丽的沙漠景观(图 5.8(c)和(d))。

(a) 山、水、石、林组合(美国黄石国家公园)

(b) 热泉、蒸汽、石、林组合(美国黄石国家公园)

(c) 沙漠、湖泊组合(中国巴丹吉林沙漠)

(d) 山、水、石、气象组合(中国长白山天池)

图 5.8　地质遗迹组合之美

地质遗迹与人文景观的组合，衬托出一种天人合一的完美景观。例如，黄土高原梁峁丘陵沟壑与散布于其上的点点窑洞、苍凉中饱含浓浓的乡情，秦岭山中，点缀着座座徽派农舍，青山绿水、白墙青瓦，透出一种精致和秀美。又如，大草原与蒙古包、深山密林与庙宇，从这种组合美中都能感受到某个地域人文景观的特色。

六、地质遗迹社会文化属性

（一）地质遗迹社会文化属性的两重性

地球经过数十亿年的发展，生物由海洋向陆地不断演化，到了距今260万年的第四纪，终于迎来了人类的诞生，这是地质历史上最重要的划时代事件。人类本身就产生于地质环境之中，也决定了地质遗迹对人类社会发展的巨大影响。

其一，人类社会方方面面都与地质遗迹有关。从宏观层面上讲，人类社会根植于地球大环境中，从古到今，人类文明离不开地质遗迹，地球通过岩石、矿物、土壤、空气、水、生物为人类创造了一个十分适宜于生活繁衍的空间。地质作用形成的各种地貌又成为人类生活的空间。沿海及大江大河孕育的平原，土壤肥沃、气候温和、物产丰富，成为我们首选的生存之地，全世界有三分之二的人口就生活在这片区域。而在山地丘陵居住的人们则能顽强地适应自然条件并巧妙地加以利用，早期先民就是利用天然洞穴以穴居求生，黄土高原的窑洞则是千百年来我们充分利用黄土特性服务于人类的典型案例。人们神往崇山峻岭优美的自然风光，将忧思、钟爱的情感移情大山；人们敬畏大自然的威力，许多地质遗迹成为原始人类图腾的对象。

许多地方因为有某种地质遗迹产生出一种文化，进而发展为一种产业，如各种以矿业而生的工矿城市，地质遗迹直接或间接地促进了当地经济的发展。甘肃金川因镍矿而成为镍都，大庆则是石油之城，陕北大柳塔是煤炭之城，陕西铜川的陈炉古镇高岭土成就了这里的陶瓷文化。

其二，地质遗迹的旅游意义。任何旅游资源的孕育都与地质环境和地理环境有关，人类旅游欣赏的湖光山色、瀑布激流等正是地质遗迹旅游资源；这里需要指出的是人文旅游资源中也包含着地学符号，奇异的岩石矿物，或以鲜艳的色彩，或以奇特的晶形成为珍奇宝物；佩戴的首饰项链，被人们珍藏传承；山崖峭壁常被人们用以摩崖石刻或雕刻名人、佛的雕像；普通的石头因而有了灵气，名人书法借助石头更显苍劲有力，石刻雕像借助山体更具威严，而这些地质遗迹也具有了文化内涵。

（二）人文旅游资源的地学符号

地质遗迹文化的挖掘与弘扬，最终应从一般观赏到哲理的感悟，应重在提高景点的科学和文化内涵，使旅游不仅仅是游山玩水，更是文化的体现和弘扬过程，从而实现感悟和理念升华。

地质公园的成立为旅游的最终目标创造了条件和实现的可能，也为地质体的文化挖掘提供了展示平台。一般人对于地质体的观赏缺乏文化层面的理解，仅停留在形似上的欣赏，对地质体推广的最好的方法就是揭示出地质体的文化内涵，即科学性、情感交融性以及由地质背景所烘托出的人文色彩。当然，地学旅游资源的科学性本身就是文化属性之一，本节侧重地质遗迹的其他文化属性论述。

不同地质体旅游资源映射的文化属性不同，地质体的文化映射如下。

1. 石头文化——石体类地质遗迹的文化属性

地质遗迹特别是石头类地质遗迹常成为传承文化的载体，如摩崖石刻艺术，就是借用石体篆刻诗词，使石头具有灵性和文化属性，借助于山势之陡峻险要，修建庙宇或直接在石体上进行雕琢，石头变成了图腾对象、敬仰的对象。可以说，石刻艺术中具有鲜明的地学符号(图 5.9)。

在美国南达科他州的黑山地区，有一座拉什莫尔山，山高 1800 多米，刻有华盛顿、杰斐逊、罗斯福、林肯四个人石刻雕像，石像的面部高 18 米，鼻长 6 米。四个巨像如同山中长出来似的，山即是像，像即是山，与周围的湖光山色融为一体，形成了著名的旅游胜地，每年有 200 多万来自世界各地的游客到此领略巨像的风采。

(a) 美国南达科他州拉什莫尔山的四位总统雕像

(b) 中国陕西西安碑林镌刻

(c) 中国四川乐山大佛

(d) 中国河南洛阳龙门石窟

(e) 中国西安碑林石兽

(f) 中国陕西关中民俗博物馆拴马桩石雕

(g) 中国西安碑林昭陵六骏之飒露紫

(h) 中国西安碑林石雕佛像

(i) 中国福州鼓山摩崖石刻

(j) 中国三峡瞿塘峡口冯玉祥“还我河山”石刻

图 5.9　石刻艺术的地学符号

西安碑林创建于公元 1087 年，是收藏我国古代碑石时间最早、数目最大的一座艺术宝库，四书五经、名人书法全被刻在石碑上，成为石刻书法的海洋，其石碑石材全部为石灰岩，石灰岩的矿物成分方解石硬度比较小(摩氏硬度为 4)，所以自古以来常用以雕琢、篆刻图案书法文字。这里拥有浩瀚的藏品，丰富的文化内涵，被世人誉为“东方文化宝库”、“书法艺术的渊薮”、“世界最古老的石刻书库”，传承了我国古代文明。在这里，石头这种地质遗迹被赋予了生命和价值，成为人类利用地质遗迹的典范。

拴马桩石雕是我国北方独有的民间石刻艺术品，是拴系骡马的实用条石雕刻，多为坚固耐磨的整块青石(石灰岩)，少数用细砂石雕凿而成，一般高 2～3 米，宽厚相当，22～30 厘米，常矗立在民居建筑大门的两侧，不仅成为居民宅院建筑的有机构成，而且和门前的石狮一样，具有装点建筑的作用。陕西关中民俗艺术博物院收藏的拴马桩有 5000 多件，集中在一起，规模宏大，阵容非凡，令人惊叹。这些拴马桩造型丰富，不仅是我国一流的石刻艺术珍品，更是研究我国宋明时期西北民族历史的实物。这些石雕珍品不但为我国今后的艺术创作提供了重要借鉴，而且为艺术、民间文化和历史文化等研究机构提供了宝贵的资料。

人类常常将石头作为介质表达各种情感，凡是有石头的众多自然景区，都会有摩崖石刻，如福州鼓山石刻、陕西华山石刻等。

2. 地质遗迹孕育的文化

陕西岚皋南宫山国家地质公园火山岩形成的山峰、岩体受构造运动被强烈抬升，沿着一组垂直裂隙发展成明显的断层，地貌上为断层崖，火山岩峭壁高达 200 米，南宫观等庙宇以金顶为依托，或建于山巅，或悬于山崖上，犹如瑶池天宫，及至夜晚满天星斗，整个金顶万籁俱寂，庙宇和山体悬崖映衬，显得神秘而庄重。唐代诗人李白的《夜宿山寺》:“危楼高百尺，手可摘星辰。不敢高声语，恐惊天上人”，很形象地道出此时游客的心境(图 5.10)。

(a) 终南山古刹

(b) 南宫山庙宇傍金顶而建

图 5.10　深山古刹

就宏观地质环境而言，因我国中纬度地区突起的秦岭山脉的阻挡，北方西伯利亚寒冷的气流不至于越过秦岭，使南北自然环境大不相同，南北乡民风俗习惯迥异，北方人豪放奔放，南方人细腻灵巧，盖因环境熏陶所致。

秦岭是一座文化之山，成就了“中国父亲山”的至尊地位。从地质角度而言，秦岭是一座不对称的山体，受秦岭大断层的影响，北坡陡峻而南坡较缓，称为北仰南俯。第四纪以来的新构造运动使秦岭地壳抬升速率加快，沟壑深切，比降增大，北坡更为险峻。这样的地貌对人类活动有重要影响，首先是交通之艰难，唐代诗人李白的“蜀道之难，难于上青天……”就是对北坡陡峻的最好写照，今天在秦岭的沣河、黑河等峪的悬崖上遗存古栈道遗址，记录了古人入川之艰辛。另外，造成北坡河流短小、比降大，极易引发洪水。当然，换个角度思考，北坡的陡峭使得人们在较短的距离可以一路欣赏植被垂直带谱的变化，登顶终南之巅，一览群峰之小、徜徉在高山草甸之美中，无疑是观光旅游的好路线，使其成为西安的“后花园”。

秦岭造山带的恢宏气势，山体的高耸险峻、生态环境的深渊幽静，孕育了特有的隐士文化，唐代秦岭紧靠长安，大批文人雅士到这里避暑游玩，欣赏大自然的杰作，萌生诗意，用笔墨诗文赞美自然、抒发心怀，感悟社会，寄托抱负。唐代诗人王维的诗作《终南山》写道：“太乙近天都，连山接海隅。白云回望合，青霭入看无。分野中峰变，阴晴众壑殊。欲投人处宿，隔水问樵夫。”将游人心境融入景中，形象地写出了秦岭的漫延千里，巍峨壮观、地势多变、气象万千、云雾缭绕的景观。至今，秦岭山中还居住着许多隐士。他们傍山而居，茅棚陋室，粗茶淡饭，饮酒作诗，孤身修行，修心养身，悠然自得，回归自然，与山水和谐共处，吸大山之地气，纳岩土之精髓，在成就终南山隐士文化的同时也得到了心灵的净化和理念的升华。

民风民俗的地域差异与地质环境关系密切，不同地域的地质遗迹会影响当地人性格的形成。广袤的北方大地人烟稀少、气候严寒、环境恶劣，培养出人们粗犷豪迈、直率好客的性格特点。陕北黄土高原的沟壑纵横，交通十分不便，诞生了以爱情为主题的“信天游”民歌。南方人多地少，丘陵平原河流纵横，青山绿水，小桥流水，熏陶出南方人灵秀、聪颖、细腻、精致的性格特点。

参考文献

[1] 翟刚毅，方永安. 东秦岭泥盆系沉积岩相地质遗迹及保护意义[J]. 陕西地质，1995，(2)：82-87.

[2] 薛滨瑞，吴成基. 陕西柞水溶洞国家地质公园地质遗迹景观资源与评价[J]. 资源开发与市场，2014，30(1)：35-37，75，130.

[3] 孙红霞. 云台山世界地质公园地质旅游资源开发与保护[J]. 西北师范大学学报(自然科学版)，2009，45(4)：101-105.

[4] 修武县人民政府，焦作市国土资源局，河南省地矿局第二地质队. 云台地貌形成之研究[M]. 西安：西安地图出版社，2003.

[5]《中国大百科全书》总编委会，《中国大百科全书》编辑部. 中国大百科全书精华本(3)[M]. 北京：中国大百科全书出版社，2002.

第六章　地质遗迹保护

第一节　地质遗迹保护的必要性和意义

地质遗迹保护是指保护遗迹本身的完整性、真实性以及天然动态平衡状态不被破坏，遗迹的存在环境不被破坏和保持遗迹周围景观环境的协调性。同时，为了进行跨区域对比研究，需要保护地质遗迹种类的多样性。保护是为了利用，地质遗迹的利用包括科学研究及教学、科普教育、景观旅游及其他经济性利用，多种利用有机结合、互相促进。保护与利用协调是指对地质遗迹本身的完整性、真实性、景观性、优美性、科学价值及典型特征和稀有特征等进行最大限度的保护并充分利用其多种价值，实现经济效益、环境效益及社会效益的统一。

地质遗迹具有科学性、稀有性、典型性。保护好地质遗迹对于深入研究、认识地质现象有重要意义，同时也可能解决地质谜团，推动学科发展[1]。

地质遗迹的观赏性决定其在地学科普旅游中的意义，自然风光旅游是人们对大自然的亲近，人们到自然界欣赏风光，广义来说，这些风光都是地质遗迹，其中具有观赏价值的更为旅游者所青睐，因此保护好它们，对提升人们的旅游质量、开展科普教育具有重要意义。

地质遗迹分布在各种地貌单元中，处于野外自然环境之中的一些非耐受性的地质遗迹很容易受到自然因素如滑坡、崩塌、泥石流、地震等的影响而破坏。2017年8月8日，四川九寨沟发生7.0级地震，地震后九寨沟景区部分海子塌方，火花海水位变低，部分区域干涸见底。

许多地质遗迹遭到了人为破坏，尤其是当今人类各种工程活动十分活跃，强度和广度是以前不可比拟的，各种矿产资源开发、地下工程正在以迅猛的速度发展，这对地质遗迹造成很大的威胁。桂林—葡萄—阳朔的漓江沿岸、桂阳公路一带的岩溶风景区，地貌上属于峰林溶蚀谷地和孤峰溶蚀平原地带，是发育完美的亚热带岩溶（喀斯特）地貌的典型代表。特别是这里独特的“四野皆平地，千峰直上天”的孤峰溶蚀平原地貌，是全世界面积最大的一块，在全球喀斯特地貌中占有非常重要的地位，是大自然鬼斧神工留给桂林的宝贵地质遗迹。根据原地质矿产部发布的《地质遗迹保护管理规定》，具有重大科学研究和观赏价值的岩溶、丹霞、雅丹等地貌，属于地质遗迹的保护内容，任何人不得违反本规定的第十七条，进行采石、取土、开矿等。但是仍有单位在地质公园地质遗迹保护地旁开展开矿、采石，乱挖古生物化石等活动。

一直以来，由于人们的认识不足，调查评价工作开展较晚，专业技术人员缺乏等原因，地质遗迹保护总体上薄弱，保护资金缺乏。有些地方对于重要的地层剖面设立了保护界碑，但只能起到警示作用，保护资金投入不足和保护技术缺乏是关键影响因素，如陕西柞水的中泥盆系岩相剖面、洛川黑木沟的黄土地层剖面。相比较而言，地质公园是保护地质遗迹切实可行的方式。

第二节 地质遗迹保护的内容和方式

1995年，地质矿产部制定了《地质遗迹保护管理规定》，明确提出要对地质遗迹进行保护。地质遗迹保护的内容如下：

(1) 对追溯地质历史具有重大科学研究价值的典型层型剖面(含副层型剖面)、生物化石组合带地层剖面、岩性岩相建造剖面以及典型地质构造剖面和构造形迹。

(2) 对地质演化和生物演化具有重要科学文化研究价值的古人类与古脊椎动物、无脊椎动物、微体古生物、古植物等化石与产地以及重要古生物活动遗迹。

(3) 具有重大科学研究和观赏价值的岩溶、丹霞、黄土、雅丹、花岗岩奇峰、石英砂岩峰林、火山、冰山、陨石、鸣沙、海岸等奇特地质景观。

(4) 具有特殊学科研究和观赏价值的岩石、矿物、宝玉石及其他典型产地。

(5) 具有独特医疗、保健作用或科学研究价值的温泉、矿泉、矿泥、地下水活动痕迹以及有特殊地质意义的瀑布、湖泊、奇泉。

(6) 具有科学研究意义的典型地震、地裂、塌陷、沉降、崩塌、滑坡、泥石流等地质灾害遗迹。

(7) 需要保护的其他地质遗迹。

第三节 地质遗迹旅游资源调查

保护地质遗迹首先需要遴选出地质遗迹，因此，需进行地质遗迹的调查，包括区域背景考察、地体景观调查、地貌类型和发育特征调查、水文地质条件和水资源现状调查、生物与气象资源调查、区域旅游资源景观审美要素调查、旅游地质工程调查、旅游区地质环境和灾害评估等。地质遗迹名录实例见表6.1。

表 6.1 地质遗迹名录实例

序号	地质遗迹名称	地理位置	遗迹类型		遗迹特征	坐标		评价级别	保护现状	规划目标
			类	亚类		经度	纬度			
1	山崩	西安翠华山	地质灾害遗迹景观	山体崩塌遗迹景观	中元古代混合花岗岩。山崩崖壁、堰塞坝、堰塞湖、崩塌堆积体地貌清晰,类型齐全。崩石体积巨大。 崩塌分三期。体积 3 亿立方米,观赏性强	108°59′40″～109°02′30″	33°55′40″～34°0′0″	世界级	世界地质公园	国家科研科普地学旅游基地

第四节 地质公园地质遗迹评价

地质公园地质遗迹评价的目的是了解其资源价值,以便更科学、更有针对性地保护和利用地质遗迹。在地质公园规划中,地质遗迹资源的评价是重要环节。

目前,对于地质遗迹的评价还没有建立统一的标准,仍然沿袭原来的对旅游资源的评价体系。但原有的评价体系并非针对地质遗迹的特征而制定的,仅把地质遗迹作为一般的自然旅游景观进行评价,而且只是对地质遗迹的景观美学价值进行评价,对于地质遗迹的科学性、典型性、稀有性和自然性的评价考虑较少。

为了突出地质公园地质遗迹的特征和价值,在对旅游资源评价中不能完全套用原有的旅游资源评价模式,因为在原有的评价中,对于地质遗迹类旅游资源的科学性、典型性、稀有性、自然性的重视不够,这些因子的评分值相对较低,最终导致具有很强科学性的地质遗迹可能因不具有很强的观赏性而评价分值不高,这对于认识地质公园地质遗迹价值、保护地质遗迹、开展科普旅游均不利。因此,在原国家旅游局制定的《旅游资源分类、调查与评价》(GB/T 18972—2017)的基础上,进一步探索完善,将旅游资源的观赏性与科学性、典型性、稀有性、自然性结合制定评价分值。现以陕西柞水溶洞国家地质公园地质遗迹资源评价作为示例进行介绍(表 6.2)。

表 6.2　陕西柞水溶洞国家地质公园地质遗迹资源评价赋值

评价项目	评价因子	评价依据	赋值												
			标准	断裂	褶曲	节理	地层剖面	峰丛	溶洞	小磨岭杂岩	重力堆积	观光河段	悬瀑	跌水	冷泉
资源要素价值(85分)	观赏性(30分)	极高观赏性	30～22		30				30						
		很高观赏性	21～13	21		21		21							
		较高观赏性	12～6				12			12		7	12		10
		一般观赏性	5～1								5			5	
	科学性(25分)	世界意义	25～20				22			22					
		全国意义	19～13				19		19						
		省级意义	12～6	12	12			12							
		地区意义	5～1			5					5	5	5	5	5
	稀有性(15分)	世界稀有	15～13												
		全国稀有	12～9				12	12	12	12					
		省内稀有	8～4	8	8							8			
		地区稀有	3～1			3					3		3	3	3
	典型性(10分)	典型性强	10～8	10	10	10	10	10	10	10	10	10	10	10	10
		典型性较强	7～5												
		有一定典型性	4～3												
		典型性不强	2～1												
	自然性(5分)	形态结构完整	5～4	5	5	5		5	5	5	5	5	5	5	5
		形态结构少量变化	3				3								
		形态结构明显变化	2～1												
		形态结构重大变化	1												

续表

评价项目	评价因子	评价依据	赋值												
			标准	断裂	褶曲	节理	地层剖面	峰丛	溶洞	小磨岭杂岩	重力堆积	观光河段	悬瀑	跌水	冷泉
资源影响力(15分)	知名度和影响力(5分)	世界知名	5～4												
		全国知名	3				3	3	3	3					
		本省知名	2	2	2	2							2		
		地区知名	1								1	1		1	1
	科普功能(10分)	效果很强	10～8	10	10	10	10		10	10		10	10	10	10
		效果强	7～5												
		效果较强	4～3					4			4				
		效果一般	2～1												
附加值	周边环境保护与环境安全	差	－4												
		一般	－3				－3								
		好	3	3	3	3		3	3	3	3	3	3	3	3
分值合计				71	80	59	88	70	92	75	36	49	50	42	47
等级	旅游等级			三	四	二	三	三	五	三	二	二	二	二	二
	对比等级			省级	省级	地方	国家	省级	国家	国家	地方	地方	地方	地方	地方

一、评价体系

设评价项目和评价因子两个档次；评价项目为资源要素价值、资源影响力、附加值。

资源要素价值项目包括观赏性、科学性、稀有性、典型性、自然性五项评价因子；资源影响力项目包括知名度和影响力、科普功能两项评价因子；附加值项目包括周边环境保护与环境安全一项评价因子。

二、计分方法

评价项目和评价因子用量值来表示。资源要素价值和资源影响力总分值为100分，其中资源要素价值为85分，分配如下：观赏性30分、科学性25分、稀有性15分、典型性10分、自然性5分；资源影响力为15分，考虑到本例为地质公园，应将地质公园科普教育功能效果评价作为要点，因此其中科普功能赋分值由5分调整为10分、知名度和影响力降至5分;附加值中的周边环境保护与环境安全,只分正分和负分。

三、旅游资源评价等级指标

依据旅游资源单体评价总分,将其分为五级,从高级到低级为:五级旅游资源得分值域为≥90分;四级旅游资源得分值域为75～89分;三级旅游资源得分值域为60～74分;二级旅游资源得分值域为45～59分;一级旅游资源得分值域为30～44分;未获等级旅游资源得分值域为≤29分。

其中,五级旅游资源称为特品级旅游资源,四级、三级旅游资源通称为优良级旅游资源,二级、一级旅游资源通称为普通级旅游资源。

第五节　地质遗迹保护分类

自20世纪末,由于地质公园的建立,我国对地质遗迹的保护有了实质性的进展,许多极具科学性、观赏性的集中成片分布的地质遗迹得到了有效保护。通过中央补助和地方配套每年投入数亿元资金作为地质遗迹保护经费。但是,正如原国土资源部在地质遗迹保护实施方案中指出的,我国的地质遗迹保护虽然取得了一定的成绩,但仍存在一些问题,例如,地质遗迹资源调查工作程度还很低;地质遗迹保护的种类和范围还十分有限;各化石产地保护区、地质公园建设程度和发展水平还很不平衡;盗挖滥采古生物化石、损毁地质遗迹景观等现象还时有发生。可见保护地质遗迹的任务仍非常艰巨。

根据多年对地质遗迹保护的实践,将地质遗迹保护分为以下四种类型:一是地质遗迹资源本底的调查评价;二是地质遗迹实体的保护及其存在环境背景的保护;三是对地质遗迹主动性保护与被动性保护;四是地质遗迹的狭义性保护和广义性保护。

第六节　地质遗迹保护的内容

根据原国土资源部地质遗迹保护实施方案,地质遗迹保护工程工作内容主要包括地质遗迹调查、地质遗迹保护设施建设和地质遗迹科普宣传。

一、地质遗迹调查

地质遗迹调查是指对某一区域进行地质遗迹资源调查,摸清资源底数,确定地质遗迹的数量、规模、级别、边界和科研价值及观赏价值等。地质遗迹调查是申报地质公园的必要环节,调查方法应参照区域地质调查基本方法,由专业地质工作者在野外实际考察完成。除发现和研究单个地质遗迹外，应重点研究能系统展示地质遗迹发育过程中各地质作用阶段的遗迹。例如，对于山崩的研究应注意将单个孤立的地质遗迹用山崩形成的全过程连接起来，不要孤立研究，而是从地质作用的全过程和全部类型来考虑。由此可以发现，山崩前已经出现的山体裂缝，随着裂缝扩大形成明显的沟槽，之后岩体节理密集发育，接着是山体抬升河流下切的临空悬崖，崩塌后的残崖断壁、崩塌石海、堰塞湖、堰塞坝，这些地貌类型就构成一幅山体崩塌的全部景象，即孕育—触发—崩塌—崩塌地貌的全过程。同时，需要对地质遗迹进行科学评价，划定级别，判定其属于世界级、国家级、区域级等，为此应对地质遗迹进行对比查新，这需要由专门机构进行。

二、地质遗迹保护设施建设

地质遗迹保护设施建设是指为明确地质遗迹边界，防止地质遗迹损坏、损毁而开展的各项建设工程，主要包括：设立地质遗迹区的边界界桩和围封设施；禁止游客随意进入地质遗迹区（点）的保护性围栏建设；对可能遭受地质灾害（如滑坡、崩塌、泥石流等），或其他地质作用威胁的地质遗迹点进行保护工程建设（如加固工程，防灾工程，设立防护栏、网、棚等）；地质遗迹监测工程和预警系统建设；古生物化石及化石产地的现场保护工程建设等。

三、地质遗迹科普宣传

地质遗迹科普宣传是指在地质遗迹保护区内为普及地质遗迹知识开展的工作，主要包括地质遗迹保护标识系统，地质遗迹科学考察路线系统，野外地质遗迹景点解说系统，地质知识科普长廊，地质公园主、副碑，地质遗迹保护信息系统和地质博物馆。

第七节　基于不同类型地质遗迹的保护原则及策略

2010年《国家地质公园规划编制技术要求》中根据保护对象的重要性将地质遗迹保护区分为特级保护区（点）、一级保护区、二级保护区和三级保护区（除此还常再划分出生态环境保护区）。《国家地质公园规划编制技术要求》中提出各级保护区要有明确的保护要求：特级保护区是地质公园内的核心保护区域，不允许观光游客进入，只允许经过批准的科研、管理人员进入开展保护和科研活动，区内不得设立任何建筑设施；一级保护区可以安置必要的游赏步道和相关设施，但必须与景观环境协调，要控制游客数量，严禁机动交通工具进入；二级、三级保护区属一般保护区，允许设立少量地学旅游服务设施，但必须限制与地学景观游赏无关的建筑，各项建设与设施应与景观环境协调。所有地质遗迹保护区内不得进行任何与保护功能不相符的工程建设活动；不得进行矿产资源勘查、开发活动；不得设立宾馆、招待所、培训中心、疗养院等大型服务设施[2]。

上述划分是根据地质遗迹的重要性来确定的，但是在实际应用中仍会存在问题。地质遗迹类型复杂，如既有坚硬花岗岩形成的峰丛峰林，也有岩溶形成的溶洞景观，后者易被流水侵蚀溶蚀而受到破坏，更应注重保护。在地质公园内，对地质遗迹的保护常存在矛盾，往往越是重要的地质遗迹，其景观观赏性可能越好，从地质遗迹保护出发，是高级别保护区，在景区划分中也应被划分为核心景区；但如果都是作为特级或一级保护区对待，就会与景区划分矛盾，因为会影响游客进入观赏，也会增加保护成本。在实际规划中有时会有意识地将其降低保护级别。其实，地质遗迹保护主要考虑该地质遗迹是否易受破坏，某种地质遗迹就科学性而言需要高级别保护，但是这种地质遗迹抵抗自然侵蚀和人为破坏的能力强，不容易被破坏，如坚硬花岗岩景观地貌，岩石不易侵蚀，就不必要刻意划入特殊保护区。

另外，即使在低等级的保护区（二级、三级保护区，生态环境保护区）也会有重要的地质遗迹地段（点），可作为特殊保护地段（注意不是保护区），实施高级别保护，不受低等级保护区的限制。

溶洞最具有观赏价值，若保护级别很高，则影响游客观赏，因此一般不应将溶洞整体保护级别定太高，可作为一级或二级保护区，但是溶洞内部的单体或群体钟乳石可以纳入特级保护地段（点）。

一些科学性很强的地层剖面类遗迹，如黄土剖面，极易受到流水侵蚀、滑坡影响而破坏，也可能因人为开挖、踩踏而破坏，应提升保护等级。

因此，应根据地质遗迹五大基本属性确定保护等级，必须将耐受性作为重要指标来考虑。

地质遗迹保护区划分应具体情况具体分析，不应作统一规定。有些地质公园因为有连片的地质遗迹分布，如湖南张家界的石英砂岩峰林，广东韶关、福建武夷山等公园连片延伸的丹霞地貌。这种情况可以用原有的划分方法分出地质遗迹保护区来。但是还有许多地质公园因为有很多村落等居民点或公路，不可能实施要求的保护内容。其实，地质遗迹也并非都是全部覆盖公园，生态保护区也可能有零星分布的地质遗迹，因此除划分连片的地质遗迹保护区外，还可以划分地质遗迹保护地段、地质遗迹保护点，即使在生态保护区也可如此。尽量避免划分大范围的保护区，一些保护区的面积动辄十几或几十平方公里，在如此大面积的范围内，倒不如将这种面状保护缩小为段或点式保护，这样更有针对性和实际操作性，因此，需要重新认识地质遗迹保护区划。

地质遗迹保护不仅是对地质遗迹实体的保护，还需要保护其形成和赋存的自然环境背景。对周边环境的破坏就是对地质遗迹的破坏。一个开山炸石、植被破坏、集镇聚集、人为工程活动十分频繁的地质遗迹分布区，既丧失了对地质遗迹体形成的地质背景的研究条件，更污染了游客的视域环境，从而降低了人们对地质遗迹美的认知。上述新的划分思路将生态环境保护区扩大到整个公园，其中分布大量的地质遗迹保护地段（点），地质遗迹环境背景的保护措施就实施在地质遗迹的周边，真正保护地质遗迹本身，从而体现出地质遗迹与赋存环境的协调。

1996年8月在北京召开的第三十届国际地质大会上，法国的Martini和希腊的Zoulos就提出了通过建立国家地质公园的方式以达到保护地质遗迹的目的[3]。为了完好地保存这些地质遗迹资源，需要对其现状进行详细评价。英国、德国、澳大利亚、瑞士等国的学者和我国的陶奎元教授都建立了一套比较完整的地质遗迹登录评价体系，这些评价均是从地质遗迹资源本身的价值角度来考虑的，这对于保护地质遗迹资源虽起到了较好的作用，但是在地质公园建设中，还需要考虑地质遗迹的利用问题，实践中经常出现保护与利用之间的矛盾，因此应对地质公园地质遗迹进行保护与利用的协调性评价，通过这种评价找出问题，然后有针对性地予以解决。

第八节　地质遗迹保护与利用协调性评价

一、双重评价

地质遗迹作为一种自然资源，一方面要对其进行积极保护，另一方面要与当地的经济发展相结合，如何协调好二者之间的矛盾将直接关系着地质遗迹的可持续发展。以洛川黄土地质遗迹为例，从保护与利用两个角度对该地质遗迹的评价作探讨。由于评价内容存在一定的不确定性，应用模糊数学综合评判的方法，对该地质遗迹分别进行保护性评价与利用性评价，得出保护一般而利用很差的Ⅲ～Ⅴ型结论[4]。依据该结论提出了协调洛川黄土地质遗迹保护与利用关系的模式，以及相应的实施措施，即明确保护内容、地质遗迹与苹果产业互动发展并建立完善的管理机制等。

二、评价指标体系

首先分别评价地质遗迹保护和利用的等级，在此基础上，进行保护与利用二者协调性等级划分。

因此，把地质遗迹保护和利用的措施作为指标选取标准。具体指标选取中应强调指标的代表性、全面性、唯一性和可操作性。在保护性评价中，由于保存现状、管理情况和环境指标能最直接地反映保护的水平，所以采用保护价值、保护管理和环境保护三个指标。在利用性评价中，按主要利用功能选取了旅游效应、科研科普和开发负效应三个指标（表6.3）。

表 6.3　洛川黄土地质遗迹资源评价指标体系

评价要素／评价项目	指标	因子	备注
保护性评价	保护价值	科学性	黄土地质剖面的科学性、典型性、稀有性
		完好度	遗迹保护的完好程度
		观赏性	黄土地貌形态的造景功能
	保护管理	保护经费	经费保障能力
		保护规划	有无保护规划书及规划的落实情况
		专业管理人员比例	专业人员与全体管理人员的比值
	环境保护	滑坡崩塌发育程度	个数、体积、频次、活动性
		退耕还林比例	实际退耕还林面积与应退耕还林面积的比值
利用性评价	旅游效应	旅游效益	游客数量、旅游经济收入
		旅游设施配备	基础设施情况
	科研科普	地质科教点建设	有无明确的科教点解说牌、标识，专业导游
		科研成果	论文、出版专著、科研报告、成果应用等
	开发负效应	人为干扰度	人为开发对遗迹的破坏程度

三、评价方法

不论是洛川黄土地质遗迹的保护性评价，还是利用性评价，均具有一定的模糊性，不存在该地质遗迹保护的绝对好抑或利用的绝对好的情况，只能说它对某个等级评价标准有不同程度的隶属程度。应用模糊数学综合评判方法对黄土地质遗迹资源进行评价。首先对评价标准进行划分，将保护性评价和利用性评价的标准等级(U)均定为 5 级，即好(Ñ)、较好(Ò)、中等(Ó)、较差(Ô)、差(Õ)，有 $U=\{$好，较好，中等，较差，差$\}=\{u_1, u_2, u_3, u_4, u_5\}$。然后根据因子特征确定隶属函数，并将因子的实际值(x_i)代入对应的函数，计算出其对某级评价标准的隶属度(r)。评价指标分为正向因子(因子值越大说明遗迹保护或利用的程度越好)和负向因子(因子值越小说明遗迹保护或利用的程度越好)两种，计算它们的隶属度有不同的函数。在此不再赘述具体计算过程。

四、评价结果

通过四种模糊算子的运算得知，洛川黄土地质遗迹在利用和保护两个方面存在着明显的不协调性，即对地质遗迹的保护程度属于中等水平(Ⅲ)，利用程度属于差水平(Ⅴ)。这与实际情况是相符合的。

五、结果分析

洛川黄土地质遗迹具有典型的黄土地层剖面和黄土微地貌形态，具有很高的科学研究和旅游审美价值，令国内外专家和学者叹为观止。但是其现状是保护程度属于中等水平，利用程度属于差水平，其主要原因有思想意识、经济利益和管理体制等三个方面。

（一）主动保护不够

对地质遗迹保护有两种态度：一种是人为主动地采取一系列措施力求遗迹的完整，不受破坏（包括自然因素引起的损坏），称为积极保护。另一种是消极保护，指对地质遗迹没有人为的毁损，但保护措施不够。对黄土地质遗迹无意识的消极保护，使其长期以来处于保护不足状态。处于黄土沟谷斜坡上的黄土剖面长期受水土流失的影响，其中以黄土滑坡、崩塌等重力侵蚀为主，2008 年的汶川大地震引发剖面出现滑坡情况。

（二）追求经济效益，忽视地质遗迹价值

为改变陕北高原干旱贫瘠的历史，脱贫致富成为洛川人民在改革开放以来最关注的问题。由于洛川是世界最佳苹果优生区，在西部大开发的战略决策中，洛川将“建设苹果专业强县”定为首要目标。在实现了苹果的生产、加工、出口一体化经营的同时，当地政府还从 2002 年开始走出传统经营模式，以苹果为主题开展洛川苹果文化特色旅游，取得了良好的经济效益，其中谷咀村人均年收入在 2001 年达到了 2300 元。但是在经济利益的驱动下，黄土地质遗迹保护却一直未被重视。

（三）公园管理水平急需提升

为了有效地保护这一弥足珍贵的资源，2002 年原国土资源部批准成立了陕西洛川黄土国家地质公园，但在公园经营管理建设上却存在滞后性，有三个问题需引起重视：一是管理者缺乏对公园发展的战略性眼光，缺乏对于以保护为主，专业性很强的地质公园如何顺应当今地学旅游发展形势，发挥自身优势，做大做强的创新思路，原洛川国家地质公园规划对今后旅游发展可操作性举措少，即使有也没有落实；二是缺乏高层次的地质地貌人才，对于黄土剖面的认知和如何实施积极保护缺乏深层次的认识；三是科考道路等各种基本设施建设与国家级水平有差距，建设水平急需提高，解说文字内容专业性强，脱离一般受众知识水平，设置位置不合理，不能引起游客停留关注，不能达到科普教育的目的。

洛川第四纪黄土剖面虽具有重要的科学价值，但是就观赏性而言则显得专业性太强，游览性不足，对于一般旅游者缺乏吸引力，所以客源市场至今没有形成，作

为一个公园，每年游客很少，成为一大遗憾。

六、对策探讨

（一）明确遗迹保护内容，进行合理利用

对于黄土地质遗迹保护，首先要有两个科学的规划，一是地质遗迹保护规划，二是地质遗迹开发利用规划。从保护和利用内容上而言主要包括如下几个方面。

1. 周边生态环境保护与利用

保护好整个地质公园的生态环境，是科研科普和旅游开发的大前提，应包括周边经济发展定位、退耕还林还草、村镇建设等内容，制定经济发展目标和措施。

2. 黄土地层剖面保护与利用

仅在黑木沟就有两个标准层型剖面：黑木沟西侧坡头剖面和秦家寨-谷咀剖面，对它们主要是维持其稳定性，严禁在剖面上方加负荷和挖坡脚，应确定地质遗迹科研和科教点，设置必要的说明牌。

鉴于原有剖面自然受损严重，现在已经在原剖面附近建设了替代剖面。

3. 黄土微地貌景观保护与利用

黄土微地貌景观有黄土柱、黄土墙、黄土天生桥、落水洞和悬沟等。一方面应防止人为破坏，另一方面要防止滑坡、泻溜等地质灾害，因此建议采用设立围栏，生物防护等措施；同时应选择具有造景意义的地貌点作为旅游观赏对象，利用旅游审美原理深挖其旅游价值。

4. 找准方向，开展地学科研和科普旅游

如何破解公园发展困惑？公园管理者担负着为国家守护“国宝”的重任，守好摊子固然重要，但不能发挥地质遗迹的价值是一种消极守护，不利于公园地质遗迹保护的可持续发展。因此，公园管理者要变消极保护为积极保护，明确自己的责任，努力作为，不负国家重托。

根据公园鲜明的特征，公园性质应定义为以保护和科研为主，适度开展旅游，在相当长的时间段内主要是为专业人士科研和学校地学教学提供平台。一方面不要期望游客会大幅增加，另一方面也不要过度信心不足。其实，基于黄土地层剖面在全球第四纪研究中的重要科学价值，全球第四纪黄土研究学者都很向往来此考察研究。陕西洛川黄土国家地质公园是名副其实的“国家级”地质遗迹。

黄土地层剖面作为世界级唯一的地质遗迹，决定了公园的客源市场与其他地质公园相比更具有世界性，因此公园的眼光应该放到全球，不仅限于国内，应大力开拓国际客源市场，客源市场以全球专业学者考察研究、地学类院校和中学地理实践教学为主。应有鲜明的形象口号如“世界从这里认识黄土”、“世界认识黄土的窗口”、“黄土从这里走向世界”。

当前地学旅游活动正在全国兴起，陕西洛川黄土国家地质公园应充分利用黄土地质遗迹特征（优势），加强对外宣传。目前可将市场瞄准上述两类人群，积极与有关部门联系建设全国地学科普旅游基地，承办黄土地质地貌地学夏令营和旅游地学年会，同时调整发展思路，创新思维，集思广益，不局限于仅仅展示黑木沟黄土剖面，应重视黄土地貌景观的美学性挖掘，展示黄土的美与奇，最终推出黄土微地貌景观群旅游；强化黄土地质博物馆的功能和影响力，扩大展馆面积、充实展览内容、提升展示手段、培养地学导游、开展互动交流，力争建成世界唯一的黄土地质地貌博物馆，形成地学界黄土科研科普的名牌产品。

以闻名遐迩的博物馆吸引游客来此游览，带动公园主体景区黑木沟内的旅游效益。在公园周边规范提升陕北风情农家乐，借助于已经驰名中外的洛川苹果品牌逐渐吸引普通旅游群体来此观赏和体验黄土地貌景观和民俗风情。

（二）实施地质遗迹保护与利用及与苹果产业互动发展模式

苹果产业是洛川的支柱产业之一，具有很好的经济效益，但旅游意义不突出，而地质遗迹又具有很好的旅游价值，二者的结合将有利于实现洛川经济的可持续发展。

第一步，依托洛川优势很强的苹果产业为地质遗迹保护做好资金准备。主要保护内容有黄土地层剖面、黄土微地貌形态和退耕还林的生态环境保护。虽然地质遗迹属于国家所有，中央、省级相关部门有义务进行支持，但其保护经费更多的是需要地方筹措。如果当地没有足够的经济条件，那么很难实现对遗迹点的保护。

第二步，黄土地貌景观粗犷、奇特，给人以很强的心灵震撼，这种大自然的杰作与在此背景上发展起来的黄土民风民情结合的展示，将构成一个极具吸引力的旅游产品，再与苹果文化特色旅游产品共同构建洛川的旅游经济产业。洛川黑木沟黄土地质遗迹所处的谷咀村已经开始建设洛川谷咀黄土风情度假村，该村还特批了 28 家农户作为游客接待户，每天平均有 140 人次的接待能力，就是很好的例子。

第三步，实现完善的地质公园功能，形成良好的经济效益、社会效益和环境效益，建立完善的公园功能，推出科研科考、科普教育、黄土景观观赏、黄土风情、苹果度假村等一系列旅游项目和景点。在此基础上，将获得的资金再用于地质遗迹保护和旅游产品开发，形成谁保护谁受益的保护与利用良性循环。

（三）建立独立的管理部门和培养专业化的管理人才

应由洛川县政府直接管理，陕西省林草局给予支持，谷咀村等相关村委加以配合，组建新的陕西洛川黄土国家地质公园管理处。对地质遗迹的经营，该管理处既可以自己实施管理，又可以以特许经营的方式通过“公司”或“集团”实施。另外，应培养专业化的管理人员，只有专业化的人员才能把握遗迹点保护的主次轻重，不会出现该开发利用的没有开发利用、该保护的却大肆破坏的现象。

（四）变消极保护为积极保护，强化民众参与

民众祖祖辈辈生活在这片黄土地，对身边的黄土地质遗迹如数家珍，要转变这些地质遗迹自生自灭的状态，强化当地民众的参与是关键举措之一。可聘请专家、学者给当地民众宣传这些黄土地层及地貌形态的科学和旅游价值，增强保护意识；让当地一些闲散劳动力参与到公园的建设中；对周边村镇中文化素质较高的青年进行专业培训，让他们担任地质遗迹介绍的专业导游人员等。

参考文献

[1] 陈安泽. 地质公园，永远挖不完的“金矿”——中国地质科学院研究员陈安泽畅谈地质公园建设的管理与发展[J]. 国土资源，2014，(5)：11-13.

[2] 国土资源部. 国土资源部关于发布《国家地质公园规划编制技术要求》的通知[J]. 国土资源通讯，2010，(15)：13.

[3] 郝俊卿，李引琴，温敏. 基于模糊综合评判的洛川黄土地质遗迹保护等级评价[J]. 陕西地质，2007，25(1)：45-50.

[4] 郝俊卿，吴成基，陶盈科. 地质遗迹资源的保护与利用评价——以洛川黄土地质遗迹为例[J]. 山地学报，2004，22(1)：7-11.

第七章　地质遗迹研究的学科支撑

第一节　旅游地学的兴起

一、高品位旅游需求的刺激

（一）旅游的内涵

改革开放已逾40年，旅游已经成为人们的一种生活时尚。如果说旅游起步时仅仅是为了身心的放松、休闲、娱乐，达到一种生理愉悦，那么，今天的旅游已经逐渐转化为追新觅奇、了解社会、拥抱自然、获取知识、享受精神生活、达到心理愉悦的时代。后者是当今旅游发展的趋势和高级目标。

美国心理学家马斯洛于1943年在《人类激励理论》中所提出人的需求包括生理需求、安全需求、社交需求、尊重需求和自我实现需求。按照这一标准审视中国旅游，其正在从低级的生理需求和安全需求逐渐演变为一种要求实现情感的高级需求，符合马斯洛的需求层次理论。

（二）21世纪——知识旅游和旅游审美的兴起

旅游活动本质上是人类追求发展和自我完善的自主行为，其开端就具有显著的求知意向和自我教育职能。旅游需求越来越成为一种精神层次的需求。

当前知识旅游应运而生，其特点是：社交——融入社会；求知——增加知识（社会人文、自然科学）；求美——心灵感受、情感升华、自我实现。旅游活动受社会经济发展的影响，其活动主体为有意识地主动探寻知识，要求旅游服务手段高科技化、旅游从业人员知识化，使旅游成为知识产业。因此，知识旅游最能体现知识经济时代旅游活动发展的趋势。

21世纪，在世界旅游业中出现了地质公园这一新事物，这是高级旅游需求，也是旅游业发展和地质学一个新方向出现使然。从地质遗迹内涵中可以看出，地质公园的后盾是旅游地学学科，旅游地学加深了游客对旅游对象的科学认知，充实了旅游内涵，旅游不再是简单地游山玩水，它给原本一般的旅游活动注入了知识色彩，因此使得许多地质遗迹被发现，许多景区的景观被科学正名，由旅游地学理论所建立的地质公园成为旅游景区序列中的佼佼者。就人们的认知过程而言，地质公园使旅游景观由感性认识上升到理性认知，达到对地学知识和景观地学成因的了解；就哲理而言，旅游地学使旅游由生理愉悦上升到心灵感悟，达到理念的升华。没有其他景区可以像地质公园一样达到如此境界，因此旅游地学极大地促进了旅游，特别是地学旅游的发展。地质公园、地学科学和旅游的确有了契合点。

人们走进大自然，走进神秘的地学，用地学的眼光进行旅游，旅游学主要是解决“表”与“形”的问题，强调“游”，更多地从经济规律考虑。而旅游地学是进行地学资源内在的、理论的探讨，解决旅游资源开发、利用和规划等问题。

旅游地学给人们增添了在忙碌的工作和生活中能看懂山水的眼光，来探究地球的历史和大自然的神奇。尊重大自然，对大自然崇拜和敬畏，达到人与自然和谐，树立环境保护意识。今天，地学走向旅游，引导旅游需求向高层次攀登，也为自身发展打开了一片新天地。越来越多的地学、旅游工作者加入到了旅游地学研究和地质公园的实践中。

二、旅游地学发展历程

旅游地学是地球科学的分支学科，是地学为旅游服务的交叉学科。这一学术名词最早出现于 1985 年 4 月，由陈安泽在北京召开的首届全国旅游地学讨论会上提出，其目的是体现整个地学界为旅游服务的精神。在该届会议上，旅游地学定义为：以地球科学的理论、方法为基础，结合其他科学知识，用以考察、评价、规划、开发、利用及保护具有旅游价值的自然景观与人类活动有关的古遗迹、遗址，探讨其成因、演变历史，为发展旅游事业服务的一门综合性交叉学科[1]。

1991 年，陈安泽和卢云亭又提出了一个层次更深的定义：旅游地学是地球科学的一个新兴分支学科，它是研究人类旅行游览，休疗康乐与地球表层物质组成，结构及能量迁移、变化之间关系的一门学科，包括地质和地理两种旅游环境。因此，旅游地学又是旅游地质学和旅游地理学两门交叉学科的总称[2]。

旅游地学和地质公园的发展来自旅游界和地学界的共同支持，只因各种自然旅游资源均是地质作用和自然地理过程的产物。所以对这些旅游资源的解读需要地学工作者进行调研分析并挖掘其内在的科学性和观赏性的统一；同时，对于这些地质旅游资源的规划、管理和开发则需要旅游人士的鼎力相助，这样才能保护和利用好珍贵的地质遗迹资源。

该学科建立以来在国内引起了轰动，得到地质界和旅游界的认同和支持。原国土资源部地质环境司专门实施对地质公园的管理和指导。中国地质学会旅游地学与地质公园研究分会成为中国地质学会下属的众多分会之一。旅游地学直接指导和促进了中国乃至世界范围内地质公园的建设，截至 2019 年中国已经有国家地质公园 213 处，世界地质公园 39 处，成为世界上地质公园最多的国家，旅游地学功不可没。可以说，旅游地学为地质公园建设管理提供理论支持，地质公园是旅游地学发展的平台。

目前,大量的地质专业人才开始介入旅游地学的研究和实践,在各地的地质公园申报、规划及地质遗迹研究、保护等工作中,始终活跃着一支由地质专业人员组成的队伍,地质工作者的加入,使得地质公园建设和地质遗迹保护更具科学性和前瞻性,他们成为了促使中国地质公园和旅游地学发展壮大的基本力量。

近年来,旅游地学研究逐渐深入,中国地质学会旅游地学与地质公园研究分会每年召开一次年会,旅游地学文章大量涌现,中国知网可检索的与旅游地学、地质公园、地质遗迹保护等有关的文章已约万篇,极大地促进了旅游地学的发展。

三、旅游地学对社会的贡献

旅游地学从建立起就与地质公园的发展紧密结合。目前地质公园已成为旅游地学发展和实践的平台,旅游地学也成为地质公园建设的科学后盾。还没有任何一种旅游景区(国家星级景区、国家森林公园、国家风景名胜区等)如同地质公园一般从诞生开始就如此幸运,能有一门学科为其保驾护航。

旅游地学发展初期更多的是参与和指导地质公园建设和实践,许多地质科研部门和高校介入了旅游景区的地质遗迹调查,地质公园申报、建设,地质公园规划,地质博物馆设计,科普宣传,地质遗迹保护设计等工作。目前,旅游地学在保护地质遗迹、开展科普旅游方面做出了巨大贡献。

旅游地学学科本身的建设对于人才培养质量具有决定性作用。34 年的发展,旅游地学以很强的综合性吸收了地质学、地理学、旅游学、自然资源学、生态学、地理信息系统科学、管理学等学科的研究内容,逐渐形成了自身的学科特点、研究目标、研究方向和研究方法。全国已相继出版了一批有影响力的旅游地学相关著作。2013 年,经过数百位旅游地学专家不断辛勤付出,《旅游地学大辞典》面世。数百部旅游地学方面的学术著作、旅游地学教材、旅游地学科普丛书、景区规划、相关期刊把对专业知识的探索和促进旅游发展紧密结合起来。中国地质学会旅游地学与地质公园研究分会,每年推出一部旅游地学论文集,截至 2018 年该分会已组织出版了 22 期旅游地学论文集。

在旅游地学理论指导下,旅游地学工作者相继对造景地貌做了深入研究,如云台地貌、张家界地貌的命名,丹霞地貌申请世界自然遗产、花岗岩地貌的分类等,同时对一些干旱区荒寂的黄土、沙漠、戈壁和地质灾害地貌的旅游利用有了新的认识,不断促进并正在实现着这些资源向旅游地学资源的转化。

旅游地学和地质公园事业已经引起国家有关研究部门的关注,中国中央电视台 10 频道的“地理 · 中国”节目为旅游地学的普及做出了巨大努力,不断有对地质遗迹新发现的介绍,吸引了社会各群体的关注;2014 年,中国地质环境监测院牵头开始进行全国地质遗迹调查,越来越多的地质科研及调查单位加入旅游地学行列,

2016 年，陕西省地质调查中心组织专门队伍根据影像所示，在陕南的镇巴、西乡、南郑、宁强等地发现了一批极有科学价值和旅游价值的以天坑群为代表的地质遗迹群。

旅游地学指导下的中国地质公园事业的发展得到了联合国教科文组织的肯定和积极回应，并于 2015 年正式将世界地质公园纳入联合国教科文组织名下并赋予其与世界自然遗产同等重要的地位。

旅游地学的社会需求很大。目前，旅游在旅游者心中已经不仅仅限于欣赏山水美景历史遗存的活动，他们希望通过对自然山水和社会文化遗存的感知来深度认知其存在的地学背景，希望对景点的解释少一些神话传说，多一些科学知识普及，这种趋势表明知识旅游时代已经来临，代表着今后旅游发展的趋势，地质公园的建立正是顺应了这一旅游发展的趋势。

旅游地学促进了地学旅游的兴起。近年来，旅游地学已经从指导地质公园建设和自身发展进入促进中国地学旅游活动中。2015 年，中国地质学会旅游地学与地质公园研究分会会长陈安泽教授就开展地学旅游、加快地球科学知识的传播普及、提高全民族科学素质问题积极建言献策。

2017 年，旅游地学界同仁发起成立了旨在推动地学旅游实践活动的中国地学旅游联盟。该联盟不但有地学界人士参加，更汇集了旅游界各方人士，这是中国地学旅游联盟的一大特色，以往旅游地学界与旅游界联系并不密切，通过这一联盟将使两股力量结为一体，共同促进地学旅游的兴起和地质公园的可持续发展。

今天，我们怀着充分的信心，看到了旅游地学发展的宏图美景。

第二节　旅游地学的学科属性和构成体系

一、旅游地学名词来源

自 1985 年旅游地学诞生至今三十多年来，伴随国家地质公园建设事业在我国的蓬勃发展，旅游地学研究紧密围绕地质公园申报和建设这一实践活动，其研究深度和广度不断加深拓宽。同时，随着国内外旅游业的发展，旅游地学所面临的新问题和新形势也需要在继承传统的基础上重新审视旅游地学的基本概念和构成，对其概念进行补充和完善。

地学是对以我们所生活的地球为研究对象的学科的统称，通常有地理学、地质学、海洋学、大气物理、古生物学等学科。旅游地学是植根于旅游学和地学两个学科之上的交叉学科，其面对的是旅游这一实践活动现象，所依靠的是地学中的地理学、地质学、海洋学、大气物理、古生物学等学科。因此，从该角度来审视以往对于旅游地学的定义，其涵盖范围还有待商榷。另外，从目前旅游地学发展所面对的实际研究对象和载体来讲，其阶段性研究直接面对世界地质公园和国家地质公园，研究范围和研究对象还没有像最初定义那样完全展开。因此，有必要对旅游地学的概念进行重新界定，以利于学科现阶段和未来的发展。

新兴学科的产生往往来源于人类的生产实践活动，旅游地学学科的产生得益于地学旅游活动的出现。从广义角度定义，旅游地学是植根于旅游学和地学两大学科的多元新兴交叉学科，它的研究对象是地理学、地质学、海洋学、大气物理、古生物学等学科的实际物质研究载体和人类旅行游览、休闲康乐等社会活动所引发的诸多现象的总和。而针对现阶段旅游地学的发展特征，狭义的旅游地学可以定义为：旅游地学是以世界地质公园和国家地质公园为主要研究对象和实际研究载体，主要借鉴、发展旅游学和地学理论及研究方法，以揭示地质公园的各类资源属性（地质和地貌等）、地质公园和区域经济互动发展关系、地质公园和消费群体及市场的关系（依靠或排斥）、地质公园发展中的组织和管理问题（宏观是政策机构和经营机构之间，中观是同类和异类景区之间，微观是景区内部管理）等内容为重点的多元新兴交叉学科。

二、旅游地学的学科属性定位

学科定位分析首先应明确的是学科的研究对象、研究范围、研究方法和学科基础；研究对象和研究范围可归结为学科定位，研究方法和学科基础可归结为方法论研究[3,4]。前文对旅游地学现象、旅游地学广义和狭义概念的界定已较为清晰地阐述了其研究对象、研究范围及学科基础，但还需要进一步说明的是，对于旅游地学的学科属性定位，应突出其产生的基础和实践，强调其学科定位的应用属性和交叉属性。

旅游地学是适应社会需求而产生，通过服务社会而发展的，因此社会实践是旅游地学发展的源泉，并以服务旅游业为主旨，以挖掘地球科学内涵为特色[5]。由此可见，旅游地学产生于人类社会生产实践活动所诱发的各类地学旅游现象，这种现象来源于人类的社会生产实践活动并服务于人类社会的总体发展，其存在和发展具有明确的应用科学属性。

通过考察旅游地学产生和发展的脉络，其多元交叉学科属性已获得广泛共识。从学科分类角度看，交叉学科是两门或两门以上学科由于内容（包括可比性内容）、方法及性质等的有机联系，从而横向融合或概括升华而生成的具有独立性质的一门学科或一个领域的学科群体[6]。虽然旅游地学的学科基础来源于旅游学和地学，但随着旅游地学现象的不断演化和发展，其应用学科属性必然需要借助多学科交叉的跨学科方法来揭示，这种多学科交叉研究的发展历程也决定了其交叉学科属性会随着研究的深入而不断发展，在发展中不断吸收、借鉴其他学科的研究方法。

因此，旅游地学的研究对象存在广义和狭义两个层次，其研究范围涵盖了旅游学和地学两个学科体系，研究方法主要来源于旅游学和地学，属于多方法综合应用的交叉学科。

三、旅游地学的学科框架

旅游地学更强调融合性，是地质学、地理学、地理信息系统和旅游学等学科交叉融合的产物。旅游地学理论借鉴了各相关学科的理论研究，如自然地理要素的综合作用规律和地域差异规律、生态平衡规律、环境保护、人地和谐观、需要层次论、可持续发展理论等。达到以美学为主线，以地学为核心，以保护地质遗迹和开展地学旅游为目的。

（一）专业设置

旅游地学发展时间较短，学科体系尚不成熟，为进入教育部《普通高等学校本科专业目录》还需做大量的工作。目前，旅游地学学科发展的当务之急是建立完善的旅游地学专业并尽快进入高校，首要任务是推动旅游地学本科专业教育的跨越式发展，以生产、科研成果促进旅游地学教育水平的提高，在本科教育基础上加快旅游地学研究生层面人才的培养。

旅游地学主要是由旅游地质学和旅游地理学构成的，所以应在拥有地质学或地理学一级学科硕士、博士学位授予点的学校优先开设旅游地学专业，或在硕士阶段开设旅游地学方向，在博士阶段开设旅游地学专业，并可在旅游地学专业下设诸如地质遗迹保护、地质公园建设管理等方向。全国开设地质学、地理学的高校众多，但拥有地质学或地理学一级学科硕士、博士学位授予点学校有限，因此应在这些基础较好的高校中优先发展。

（二）课程设置

旅游地学作为一门课程，目前主要是概论性质，有一些院校已经开设，其教材有陈安泽、卢云亭《旅游地学概论》、陈安泽《风景名胜科学基础》、卢云亭《现代旅游地理学》、辛建荣《旅游地学原理》、周进步《中国旅游地理》、雷明德《旅游地理学》、庞桂珍《旅游地学导论》等。但旅游地学作为地球科学的一门新兴分支学科，涵盖旅游学、地质地理学的学科内容，应有自己的学科体系，并应有相关课程支持。目前，一些高校已经陆续开设了旅游地学课，但是作为一门学科专业，仍需建立自己的课程体系。旅游地学作为一门交叉学科，在未来高等教育中的课程设置也必须兼顾多学科课程，综合各学科的相关研究内容和方法，体现综合研究的特点，拟建议设置如下课程。

（1）专业通识课 4 门：高等数学、大学英语、大学体育、政治教育类课程。

(2) 专业基础课 8 门:旅游地学导论、地质学概论、第四纪地质及地貌学、自然地理学、人文地理学、基础旅游学、旅游美学、旅游心理学。

(3) 区域发展与规划课 6 门:区域发展学、旅游规划学、旅游文化学、旅游环境与可持续发展、旅游市场营销、景观生态及景观设计。

(4) 资源管理与保护课 4 门:旅游资源学、地质遗迹评价与保护、地质公园管理与建设、旅游法规。

(5) 专业技能课 6 门:自然地理(地质遗迹)及野外实习、地质公园实践、旅游地学外语、地学导游、旅游制图、地理信息系统数据库。

这些课程,有些是旅游专业、地质地理专业的通用课程,可以使用原有教材,但其中一些旅游地学专业教材目前尚需编写。

2016 年,在西安召开的第一届全国旅游地学学科建设及地质公园发展研讨会上选取了以下 7 门课程作为旅游地学学科的核心课程:地球科学概论、旅游学概论、旅游地学导论、自然地理学、地貌与第四纪地质、地学旅游与地质公园、地质遗迹景观资源。

2018 年和 2019 年,先后在南昌和北京召开第二届和第三届全国旅游地学学科建设及地质公园发展研讨会。经过充分讨论,将旅游地学本科核心课程教材调整为:旅游地学导论、地质学基础、地理学基础、旅游学概论、地貌学与第四纪地质学、国家公园与地质公园学、地学旅游资源调查与评价、环境与遗产解说、地学旅游规划与设计等九门课程。

第三节 旅游地学的特点

旅游地学是从地学发展而来的,与地质学关系密切,因此旅游地学的研究特点与地质学相似,如地质学研究跨越的时间很长、研究方法具有综合性等,另外,其与旅游学科相结合会衍生出一些新的特点。下面具体阐述该学科的研究特点。

一、旅游地学的综合性

旅游地学具有很强的综合性(学科交叉性特征),包括旅游学、地质学、地理学、自然资源学、生态学、地理信息系统科学、管理学等学科的研究领域。它综合这些学科中的相关内容,形成了以旅游普及地质知识、在旅游中获得科学美的核心内容。因此,旅游地学的特点主要是横向的综合,而非纵向的分支。

二、旅游地学的切入点

旅游地学的基本矛盾是人类旅游活动和地学资源的和谐互动。围绕该矛盾展开旅游和地质现象、规律的探讨,这构成了旅游地学研究的切入点。

三、旅游地学重在发现美

美是人类的普遍追求，出于感性的层面对美的一般理解是靓丽、秀美、鲜艳等，因此人们常把青山绿水、小桥流水、瀑布激流、鸟语花香认为是美。但是从认知的理性层次而言，物质世界完整、典型、稀有的客观存在都是美。地质公园地质遗迹的科学性、典型性、稀有性就体现出这种美，而且如果这些地质遗迹又具有观赏美（形态、色彩），则会直接被人们接受，但是地质遗迹并非都具有观赏美，因而常常是"身居山中无人知"。旅游地学的任务之一就是挖掘潜在的地质遗迹资源，发现美，帮助人们去认知这种理性之美。以往我们并不认为荒漠景观是一种美，沙漠、戈壁、黄土、劣地的旅游价值一直被忽略，随着探险猎奇旅游的兴起，人们逐渐发现这些不为常人所重视的地质遗迹也是很美的，荒漠景观体现的是广袤、浩瀚、苍凉之美，能给人带来一种力量，使人们对大自然产生敬畏，所以这种美主要是理性之美。如果人们能更多地了解地质遗迹的美，则是旅游地学应用于旅游之成功所在。地质公园发展以来，地质遗迹以其特有的美吸引着游人，中国西部是这种理性美的重点发掘地，雅丹、黄土、沙漠、土林、彩丘、丹霞、蛇曲等地质遗迹都相继成为人们观赏的客体。

四、旅游地学要讲"故事"

每个地质遗迹都有它发生和发展的"故事"，这个"故事"是指地质科学的"故事"。将复杂深奥的地质问题用讲"故事"的方式走近游客，给游客讲述这些"故事"的过程也是普及地质知识的过程，"故事"成为知识旅游的切入点。与地质学就某种地质现象的研究相比，为适应旅游发展的需要，旅游地学需要对某个地质现象做深入的、个性化的细化研究。例如，研究外力的侵蚀问题，就宏观研究而言，地质学、地理学是对此类现象的发生和发展机理进行一般规律性的研究，并非一定要对某个区域的所有流水侵蚀形成的微地貌形态进行研究，即使这些形态具有观赏性。因为旅游地学要服务于科普，而且要具有通俗和趣味性，需要讲清地质遗迹景观的"故事"，就要对具有某种类型的，兼具景观观赏性的地质遗迹单体或群体进行深入研究。台湾野柳地质公园分布有大量蕈状石，形成许多似人、似物的造型，极具观赏价值，其中的大头细颈的"女王头"更是观赏亮点。这是在强劲的风力剥蚀作用下，由于砂岩层的岩性差异风化，岩性较坚硬耐风蚀的岩层得以较多保留成头部，而岩性软、易风蚀的岩层逐渐成为细脖子残留。如果仅仅讲到这里，似乎还不够完整，游客可能还想知道更多的内容，如这个"女王头"的年龄、还能存在多少年等。因此，旅游地学工作者需要进一步阐述，通过确定风蚀速率等方法分析得出其形成的年龄和多少年后将剥蚀殆尽。可见，旅游地学对地质问题的研究需更深入细致。

第四节　旅游地学研究内容

（一）地质遗迹研究

地质遗迹资源研究的任务主要由专业地质人员承担，以往地质普查工作对于地质遗迹景观重视不够，其实一个科学性和观赏性极佳的地质遗迹景观的社会和经济价值不亚于一个矿产。例如，2016～2017年，陕西省地质调查中心在野外地质遗迹普查中分别在陕南和陕北发现了世界级的天坑群岩溶地质遗迹和丹霞地貌地质遗迹，这就是为陕西省找到了两个大宝藏。

野外普查找矿应将地质遗迹纳入工作内容，对地质遗迹景观的调查，群众具有极大的热情，要认真慎重对待群众报矿（地质遗迹景观），开展实地调研。地质遗迹研究的工作程序应遵循调查、分析、评价、建议四个基本层次进行。

（1）调查。查明地质遗迹所在的地质背景、自然地理环境；分析地质遗迹特征，划分地质遗迹类型、类、亚类以及地质遗迹的时空分布。

（2）分析。对地质遗迹成因，地质遗迹景观各成景要素的性质、形成机制和发展规律，地质遗迹景观各成景要素的相互关系，地质遗迹景观各成景要素的动态变化、趋势进行分析，在此基础上编制地质遗迹综合考察报告和图件。

（3）评价。从地质遗迹的科学性、典型性、稀有性、自然性、观赏性进行评价，同时研究其开发利用价值与社会经济发展的关系以及对环境的影响。

（4）建议。确定合理的资源利用方式，综合提出地质遗迹保护和利用的建议和方案。依据评价结果进行地质遗迹保护与利用可行性研究，编写地质遗迹保护与利用规划。

（二）指导地质公园建设

旅游地学将全面支持地质公园各项工作，主要包括地质公园地质遗迹考察、评价和申报工作，申报视频及图册制作，地质遗迹保护设计，地质公园解说系统建设，地质公园规划，地质公园数据库建设，地质公园科普解说，地质公园科学导游图编制，其中最重要的工作是地质公园申报、地质公园规划和地质遗迹保护设计。

（三）面向大众的地质遗迹科普教育

旅游地学工作者是地质公园的科学顾问，引领旅游者的高层次需求（求知、求美），因此要努力当好知识旅游的践行者和科学知识的宣传者。在公园建设的各环节中突出地质公园特色，确定公园的发展理念和方向，提升旅游景区的科学性；并实际指导公园的地质遗迹保护和科普宣传，开设地质导游培训班，讲授地质基础知识,介绍地质遗迹景观。

第五节 旅游地学研究方法

旅游地学具有综合性,其研究内容涉及地质、地理、气象、水文、植被、生物以及资源学、地图学、遥感学、生态学等多门学科知识。研究方法体现了综合性特点,它吸收了其他学科中可视为资源的研究内容,形成以地质遗迹资源为核心的研究主体,所有对其他单门学科的研究方法均可以用于旅游地学研究。由于上述学科的基本研究方法都是野外考察调研,旅游地学应将野外实践作为最重要的研究方法。同时,随着地理信息技术的发展,卫星遥感、定位、数据库、数字化制图软件、地质绘图软件包等研究方法也应被引入进来。

旅游地学综合各学科的研究内容,如自然地理要素的综合作用规律和地域差异规律、生态平衡规律、环境保护、人地和谐观、需求层次论、可持续发展理论等。在具体研究中,需要研究者有广泛的地质学、地理学、旅游学等知识,地质遗迹调查评价需要扎实的地质学基础知识,地质公园地质灾害的防治需要环境地质学知识,地质遗迹的解释不但需要地质知识,还需要运用旅游心理学知识、历史文化知识。

第六节 地质公园是旅游地学的最佳实践平台

联合国教科文组织对地质公园的定义为:一个保护地质遗迹及环境、开展景观旅游与休闲、进行地学及环境教育、开展地学教学与科学研究、促进属地经济社会文化发展的区域。

旅游地学是伴随着地质公园的兴起而不断发展壮大的,因实践中出现的种种问题,地质公园成为了旅游地学发展的最佳实践平台。目前,我国地质公园发展中出现了许多新问题需要解决,主要表现在地质公园的泛化、地质遗迹类型还有待平衡、地质公园的地学旅游品牌效应不明显、地学旅游落实问题、科普解说系统建设有待提升、基于不同类型地质遗迹保护原则的建立、保护区与景区的协调、地质公园管理水平的提升等问题还需认真研究探讨。因此,旅游地学作为地质公园的后盾并非仅仅表现在地质遗迹考察、地质公园申报方面,而是贯穿于整个地质公园的管理运作过程中。在地质公园的实践中,旅游地学也将通过调研、分析、总结,使理论层面、实践环节、研究内容得到提高和扩充,从而得以发展和充实。

研究人员在陕西柞水溶洞国家地质公园规划中进行了创新探索,丰富了旅游地学对地质遗迹保护的理论。陕西柞水溶洞国家地质公园规划创新实例如下。

一、对旅游资源的评价指标因子进行补充修正

地质公园的作用主要是保护和宣传地质遗迹，突出地质遗迹的重要性，而以往的旅游资源评价则对此重视不够，因此对地质公园主体地质遗迹资源评价分值过低，不利于地质遗迹保护。为此，加大了地质遗迹资源的评价分值，从地质遗迹的科学性、典型性、稀有性、自然性和观赏性五个方面进行全面评价，体现了地质公园旅游资源评价的特色，详见第六章第四节。

二、地质遗迹保护分区中引入地质遗迹保护地段(点)

鉴于本公园主要展示的是溶洞地质遗迹景观，这些景观又以遗迹景观群或点的形式分布于溶洞之中，由于地处游览区，游人与之接触机会频繁，钟乳石等地质遗迹本身脆弱，极易被破坏，它们应该是保护的重点，但若仅根据以往的地质遗迹保护区划，只给出一个区域的概念，划分仍显粗糙，保护措施不能落实在每一个地质遗迹实体上，为解决此难题，本书引入地质遗迹保护地段(点)，即在二级保护区内的溶洞中对主要的单体或群体地质遗迹划出特殊保护地段进行严格的保护。从泛泛保护落实到具体的对象，有的放矢，从而达到有效保护的目的。

三、在景区划分中引出“科考景区”的概念

针对公园地质遗迹类型、特点和分布情况，对科学性很强的地质遗迹集中分布地段专门进行划区，由于这些地段的科学性大于景观观赏性，主要是吸引专业工作者和地质院校师生科研科考，科普功能次之，为了与一般的以游览性质为主的景区区别，因而在命名时特别注明是“科考景区”。另外，为便于景区的地质遗迹保护工作，功能区划分中将地质遗迹景观区和地质遗迹保护区范围协调一致。上述认识，可供今后地质公园规划参考。

地质公园从开始建设就一直有旅游地学学科体系做支撑，在旅游地学指导下，特别强调地质公园的科学属性。地质遗迹评价注重科学性、景观性、典型性、代表性、稀有性、可理解性、地学多样性，地质公园的建设、旅游开发都要围绕上述评价内容协调运作。这将丰富旅游资源的评价内容，转变观念，对很多环境要素得以重新认识。黄土地貌、雅丹地貌以前看似荒凉无用，变换一下视角，则是很好的旅游景观，这使得旅游地学对地质遗迹资源的认识进一步深化和扩充。例如，云台山峡谷地貌景观成为焦作的战略替代性资源。

旅游地学涉及地质资源科普宣传的理论和措施，来源于对国家地质公园科学解说规划的实践，使地质公园的科学价值得到充分展示，使观赏者体验到科学的魅力，因此应更重视调查方法的科学性、规划理念的科学观和观赏引导的科学方法三个环节。例如，地质遗迹景观解说，根据多年实践经验可分情况区别对待：对于科

学性很强，但造景功能不显著的地质遗迹，兼顾专业地质地貌科考、实习点的需要，以科学性介绍为主；如果地质遗迹点的造景功能强，则以景观美学介绍为主，适当说明地学背景；对于既有较强的科学含义又有旅游景观欣赏价值的地质遗迹点，在解说内容上应兼顾科学性和景观性，并力求语言、文字生动通俗。

第七节　旅游地学的可持续发展

一、深化充实旅游地学学科研究内容

作为知识旅游的先行者，地学旅游高潮正在兴起，旅游地学应适应这一形势，衔接地学旅游。在此过程中，深化充实旅游地学的学科理论和研究内容，包括地学旅游资源调查、评价及保护，地学旅游资源利用，地学旅游可行性分析论证，地学旅游路线及基地建设，地学旅游美学研究，地学旅游科学解说系统构建，地学旅游与生态旅游，地学旅游线路及产品设计，地学旅游专题地图，地学旅游大数据建设，地学旅游与属地社会进步发展，地学旅游的社会效应及游客认知等应用性课题。

二、深化地质公园研究

自陈安泽先生建立旅游地学学科体系至今已30多年。这些年来，旅游地学得到了长足的发展，目前，旅游地学实践的平台——地质公园在中国不断兴起和壮大，其中旅游地学功不可没。旅游地学为地质公园提供了强有力的理论支持，而且地质公园作为实践的场所，对于提高公园的地位有重要作用。这使得二者紧密联系，相辅相成，共同发展。

但是，旅游地学的宏观指导作用并未贯穿地质公园发展的全过程。在地质公园发展初期，旅游地学主要是进行地质遗迹资源调查评价和成因研究；而地质公园建立后，旅游地学对公园的指导作用有所下降。例如，目前大多数公园的解说系统跟不上，始终处理不好解说的科学性和通俗性之间的矛盾；更多地质公园的急功近利发展使得旅游地学无用武之地。因此，如何将旅游地学理论更好地运用于地质公园建设需要进一步研究。

当前地质公园的发展使得在管理运作中出现许多新问题，旅游地学需对这些问题进行研究：一是地质公园地质遗迹的成因研究、地质公园特殊地质遗迹保护、地质遗迹科普解说及宣传，这些虽属于老问题，但一直未很好地解决，地质公园虽有解说牌，但少有游客仔细阅读。以陕西为例，多数地质公园对于地质遗迹成因研究仍然停留在申报阶段，之后则缺乏更深入的研究，能够开展后续科研的地质公园凤毛麟角。二是出现许多新问题，如划分地质遗迹保护区和旅游景区，设计解说牌的科学性和通俗性、完善地质公园地质遗迹解说内容与手段、共享跨行政区域地质

公园地质遗迹，协调地质公园与属地发展等问题。

2015 年 11 月，陕西省质量技术监督局发布了陕西省地方标准《地质公园建设规范》(DB61/T 989—2015)，对于地质公园申报、考察报告、承诺书、规划等内容有详细的规范要求，其中具有特色的是，鉴于越来越多的工程建设项目会对地质公园产生影响，编制了“大型建设工程项目对地质公园地质遗迹影响评价报告提纲”。这一创新性的工作是旅游地学对地质公园建设的新贡献。

三、开展旅游地学宣传教育

旅游地学的发展得到了地质工作者、旅游管理者、国土资源管理者的帮助，他们积极为旅游地学的发展献计献策。每年召开的旅游地学与地质公园研究分会年会极大地促进了该学科的交流和发展。其召开方式新颖，将学科研究和举办地旅游发展相结合，力求为地方经济发展做贡献。

但是纵观整个旅游地学界，主要是大量的中老年地质学家仍活跃在第一线，地质学方面的研究人员大多已退休或即将退休，后备力量明显不足，因此如何加快后续人才培养成为当务之急。

旅游地学教育应包括三个方面：一是旅游地学理论研究及学科宣传，通过对有关旅游地学学科属性、地质遗迹、地质公园等论文的发表，将旅游地学学科推向社会，目前已有这方面的系统研究。二是面向普通大众的现场科普活动，主要通过地质公园的解说系统、专业的地学导游人员讲解以及解说牌文字说明来实现，今后还可以通过定期举办青少年科普夏令营等形式进行。三是面向专业人才培养的、系统的课程教学，将旅游地学作为相关专业的一门必修课程纳入教学计划，完成一定学分。目前这方面的研究尚不多见，本书主要就此问题展开论述。

(一) 提升旅游地学为二级学科

建议在地质学学科体系中增加旅游地学作为二级学科。旅游地学从最早作为地质科普开始，现已经发展为有专门研究对象的应用学科，初步形成其学科理论体系，有专门的研究队伍和研究方向；它是地质学的新发展，开辟了地质学研究的新领域，也是地质学走向社会的产物，有利于扩充和促进地质学的应用发展；旅游地学与地质公园关系十分密切，旅游地学有很好的实践平台，地质公园由于其专业性强而使地学工作者有了专门明晰的服务对象，为提升旅游地学地位创造了条件。

(二) 加强人才培养与队伍建设

加强后续研究队伍建设，培养旅游地学高级人才，特别是专业研究队伍。根据原国土资源部要求，每个地质公园应配备 3～5 名地质导游人员，目前基本上都没有达到该要求，主要是没有专门培养既懂地质又懂旅游人才的专业，这方面人才市场前景看好。

可在相关高校(如地质类院校和旅游专业)增设旅游地学专业或开设旅游地学课程,该课程要结合旅游景观的地学成因,探讨如何科学欣赏地质遗迹景观,如何体现地质遗迹的审美价值,传授从旅游美学的角度研究地质景观,从旅游心理学角度对地质遗迹进行规划开发等专业知识,还可在地质、地理、旅游等相关专业增设旅游地学研究方向硕士点、博士点。

(三) 加强学术交流

目前发表旅游地学类文章的刊物较少,缺少权威期刊文章,这与旅游地学没有专门的学术期刊有关。因此,旅游地学学科发展必须要有专业刊物作支撑和推动,目前许多文章发表在其他杂志,零星分散发表的论文不利于学科交流和发展,不利于探讨深层次问题,刊物级别层次也不够高,虽然每年出版论文集,但显然比较滞后且学术水平良莠不齐。这些无疑会阻碍学科发展。因此,为了加强同仁之间的交流,促进学科发展,中国地质学会应积极创办旅游地学期刊。目前尚没有合适的教材,组织编写新的旅游地学教材是当务之急。当前可以起到一定弥补作用的是旅游地学网站建设,便于学科信息和动态传递交流,建议加强网站建设。每年的旅游地学年会应加大邀请旅游管理、营销等专业人士参加的力度,不但丰富学科研究内容,还会壮大学科力量,扩大学科影响。

(四) 启动旅游地学学科建设

2016 年 4 月,中国地质学会旅游地学与地质公园研究分会专门在西安举办了第一届全国旅游地学学科建设及地质公园发展研讨会,与会专家学者就该学科的建设进行了认真求实的讨论,制定了学科的骨干课程体系。同时提出高校旅游地学学科建设可以分阶段有侧重逐渐推进:第一,首先开设旅游地学课程、选修课程,扩大旅游地学影响;第二,地质类高校继续试点旅游地学专业(方向)建设,以适应社会需求,积累经验,之后推广到其他高校;第三,鼓励更多高校开设旅游地学研究方向,鼓励有关院校申报旅游地学特色专业,自下而上,推动旅游地学学科进入教育部本科专业目录的工作。同时希望其他类的院校积极试点各自的旅游地学学科体系建设工作,建议首先建立东北、华北、华东、中南、西南和西北等大区一级的地学旅游发展研究中心。

(五) 旅游地学人才培养是关键

旅游地学界一直重视年轻旅游地学专家的培养,有旅游地学专业背景的硕士生、博士生已开始崭露头角。成都理工大学已率先培养出了中国首批旅游地学方向的硕士、博士,陕西师范大学已培养出旅游地学研究方向的博士。在高校也建立起一批旅游地学研究机构，陕西师范大学建立了全国首个由中国地质学会旅游地学与地质公园研究分会授予的旅游地学及地质公园研究中心。随着地质公园相关产业的快速发展，社会上也出现了众多与地质公园相关的研究机构及企业。中国地质大学(北京)尝试开设旅游地学专业，陕西师范大学等高校将旅游地学作为专业课或选修课已开设多年。随着地质公园的大量建立，迫切需要地质科普解说人员，一些高职高专院校为提升导游解说水平也开设了旅游地学课程。

地质公园和地学旅游正在发展。社会上急需旅游地学专门人才的呼声十分高涨，许多地质公园因招收不到旅游地学专业管理人才而焦急，科学导游队伍建设滞后。在《全国地学旅游发展纲要(2016～2025)》中，规划了数十条地学旅游路线，地学旅游活动需要大量的旅游地学人才。另外，预计未来中国将会建成30～50个世界级地质公园、200～500处国家级地质公园、500～700处省级地质公园、500～2000处县市级地质公园。由此可见未来旅游地学需要大批人才。

旅游地学人才的培养远远落后于社会与日俱增的需求，抓紧建设旅游地学专业，培养旅游地学人才已成为旅游地学界的当务之急。可喜的是，教育部2019年已批准东华理工大学设置旅游地学规划工程专业。

(六) 旅游地学介入地学旅游

近年来，全国旅游发展有许多新的动向：一是知识旅游为旅游注入了新的含义和活力，在中国地质学会旅游地学与地质公园研究分会的努力下，国家已重视地学旅游的发展，以地质公园为主要平台，旅游地学将继续为地学旅游活动的发展提供地质知识和科普实践；二是各地竞相开展国家公园申报和建设工作。在发展理念上国家公园与地质公园的相同点有很多，特别是都强调对自然资源的保护，旅游地学在地质遗迹资源保护方面已经有大量的理论和实践经验，可以为国家公园建设提供支持；三是当前特色小镇建设方兴未艾，其中建设地质文化村是对地质公园建设的重要补充，地质文化村的建设需要深挖地质和民俗文化等人文地理特征，很多地质专业人士已经投入到该工作中，不仅要调查待建地质文化村的自然地理环境、特殊地质遗迹，同时还要调查民俗和民情等人文地理资源。研究初期进行平行调查，最终分析评价则需要寻找二者之间的关系，如地质对人文的影响，人们是如何在居住、劳作中巧妙地运用地学知识的，即以地质为本、人文为魂，只有树立这种理念并应用于建设地质文化村的实践中，才能真正体现地质文化。而此项工作需要旅游地学专业人才的积极投入。

目前旅游地学的发展已经涉及对地质和人文之间关系的理解和研究。2018年，在北京由中国地质学会旅游地学与地质公园研究分会主办了人居环境与地学关系研究沙龙，三位专家分别对陕西关中、北京、四川的人居环境与地学关系做了演讲，受到了与会同仁的极大关注。

（七）建立旅游地学研究基金会

目前旅游地学研究从资金上来说尚不足，仅靠少数国家基金项目支撑很难维系，而且由于专业归属不明，往往使申请者不知向哪个学科方向去申请，成功率很低；各地质公园也因种种原因不能给地质遗迹研究保护项目提供足够经费，至今仍没有一种旅游地学学科背景的核心刊物。这些都制约着本学科的发展。因此，号召相关的企业、高校、规划研究单位、地质调查部门、地质公园等适当出资，建立旅游地学研究基金会，基金会由中国地质学会旅游地学与地质公园研究分会成立专门机构管理运作，主要用于资助旅游地学相关重要研究项目，创办旅游地学期刊等事宜。

综上所述，从深挖地质遗迹内涵中可以看出，旅游地学成就了旅游认知，充实了旅游内涵。旅游不再是简单的游山玩水，它给原本的旅游活动注入了知识色彩，为此发现了许多地质遗迹及许多景区景观的科学性，由旅游地学理论所建立的地质公园成为旅游景区中的佼佼者。就人们的认知过程而言，地质公园使人们对于旅游景观的认识由感性认识上升到理性认知，达到对地学知识和景观地学成因的了解；就哲理而言，旅游地学使旅游由生理愉悦发展到心灵感悟，达到理念的升华。

旅游地学将为人们探究地球的历史和大自然的神奇奥妙，尊重大自然，对大自然敬畏，达到人与自然和谐，树立环境保护意识做出重要贡献。

今天，地学走向旅游，引导旅游需求向高层次攀登，也为自身发展开辟了一片新天地。越来越多的地学、旅游工作者加入旅游地学研究和地质公园的实践中来，借助地质公园平台，旅游地学未来会有更进一步的发展。

参考文献

[1] 陈安泽. 开拓创新旅游地学 20 年——为纪念旅游地学研究会 20 周年而作[J]. 旅游学刊，2006，21(4)：77-83.

[2] 陈安泽，卢云亭，等. 旅游地学概论[M]. 北京：北京大学出版社，1991.

[3] 彭永祥，吴成基，张玲. 1980 年以来中国旅游地学研究文献分析[J]. 地理科学进展，2009，28(5)：723-734.

[4] 谢维和. 谈学科的道理[J]. 中国大学教育，2012，(7)：4-6.

[5] 陈安泽. 旅游地学的理论与实践——旅游地学论文集第一集[M]. 北京：中国林业出版社，2006.

[6] 金薇吟. 试论交叉学科的类型质及其生成因[J]. 学术界，2006，(4)：93-98.

第八章　地质公园规划

第一节　地质公园概述

地质公园是以具有特殊地质科学意义、稀有的自然属性、较高的美学观赏价值、一定规模和分布范围的地质遗迹景观为主体，并融合其他自然景观与人文景观而构成的一种独特的自然区域。地质公园既为人们提供具有较高科学品位的观光旅游、度假休闲、保健疗养、文化娱乐的场所，又是地质遗迹景观和生态环境的重点保护区，是地质科学研究与普及的基地[1]。

一、地质公园的设立

直到20世纪80年代末，人们才逐步认识到地质遗迹对旅游业的重要性——地质遗迹有独特的观赏和游览价值。

建立地质公园，可以使宝贵的地质遗迹不需要改变原有面貌和性质而得到永续利用。国家地质公园的建立，不但是保护地质遗迹的最佳方式，也是对地质遗迹利用新的、合理的方式。

建立地质公园的主要目的有三个：保护地质遗迹、普及地学知识、开展旅游促进地方经济发展。地质公园不同于旅游景区，它主要是保护地质遗迹，对地质遗迹进行科学普及和科学研究，将科学研究与旅游发展相结合，注重地质遗迹与周边环境的协调，带动属地的经济发展[2-4]。

建立地质公园是发展地方经济的需要。通过建立地质公园，可以改变传统的生产方式和资源利用方式，为地方旅游经济的发展提供新的机遇。同时，可以根据地质遗迹的特点，营造特色文化，发展旅游产业，促进地方经济发展。

建立地质公园是地质工作服务社会经济的新模式。改革地质工作管理体制，转变观念，扩大服务领域，开辟地质市场。建设国家地质公园计划的推出，为地质工作体制改革和服务社会提供了机遇。

二、地质公园的发展

（一）探索阶段

国家地质公园一词在我国最早出现于1985年。地质矿产部于1985年11月在长沙召开了首届地质自然保护区区划与科学考察工作会议，会议代表考察了武陵源风景区，鉴于武陵源砂岩峰林地质地貌景观独特优美，各位代表一致提出建立武陵源国家地质公园的建议，在国内产生一定影响。1987 年 7 月在地质矿产部下发的《关于建立地质自然保护区的规定（试行）的通知》中，把地质公园作为保护区的一种方式提了出来。1995 年 5 月在地质矿产部颁布的《地质遗迹保护管理规定》中提出了地质遗迹保护区，并且首次指出建立地质遗迹保护区应当兼顾保护对象的完整性及当地经济建设和群众生产、生活的需要，即要协调好地质遗迹保护和当地经济建设的关系[5]。

（二）发展阶段

1999 年，联合国教科文组织提出世界地质公园计划，对我国地质公园体系的建立起到了重要的推动作用。我国随即正式成立国家地质公园领导机构和评审组织，截至 2017 年 9 月，国土资源部一共公布 7 批共 206 家国家地质公园。国家地质公园的迅速发展使不少濒危地质遗迹资源得到了有效保护，也使多年“养在深闺人未识”的地质遗迹资源展现在了众人面前。更重要的是，这些地质公园建设都在不同程度上对地方经济的发展和居民就业起到了推动作用。

（三）成熟阶段

世界地质公园是由联合国教科文组织组织专家实地考察，并经专家组评审通过，经联合国教科文组织批准的地质公园，原来称为联合国教科文组织支持下的世界地质公园网络(global geoparks network，GGN)。

“国际地球科学和地质公园计划”(International Geoscience and Geoparks Programe，IGGP)，旨在通过建立世界级地质公园来保护地质遗迹。鉴于世界地质公园在保护地质遗产、普及地球科学知识、促进当地经济发展中取得的杰出成就，2015 年 11 月 17 日，在联合国教科文组织第 38 届全体会议上正式批准了 IGGP 章程。在 IGGP 范围内设立联合国教科文组织世界地质公园(UNESCO glo-bal geoparks，UGG)，并将现有的所有世界地质公园纳入该计划(图 8.1)。

UGG 的 195 个成员一致通过将世界地质公园正式纳入联合国教科文组织“国际地球科学与地质公园计划”。从 GGN 到 UGG，世界地质公园走过了 20 多年不断发展成熟的过程，终于获得了与世界自然遗产、世界文化遗产、人与生物圈计划等项目同等的地位。可以预见，全球申报世界地质公园以及依托地质公园为平台开展地学旅游的热潮即将到来。

截至 2019 年底，联合国教科文组织世界地质公园总数为 147 个，分布在全球 41 个国家和地区，其中我国有 39 处。

图 8.1　联合国教科文组织世界地质公园徽标(秦岭终南山世界地质公园)

三、地质公园的价值

(一) 地质公园是地质遗迹的守护者

我国地质遗迹资源丰富多样,根据全国地质遗迹调查,截至 2017 年共发现重要地质遗迹 6000 余处,遍布全国。由于地质遗迹多处于荒野,面临自然因素甚至人为因素的负面影响,需要积极保护。在地质公园建设之前,虽然有的地方通过设置地质遗迹保护点实施保护,但效果不佳,是一种消极的保护。地质公园的出现,使得地质遗迹保护事业出现了转机。地质公园通过对地质遗迹调查评价,建立地质遗迹保护区,深化地质遗迹地质背景、发展规律和演化过程研究,实施地质遗迹保护工程,建立地质遗迹数据库等,不但有效保护了地质遗迹,同时通过适度利用,为发展旅游特别是地学旅游提供了条件,因此是一种积极的保护。陕西洛川黄土剖面地质遗迹在建立地质公园后,国家投入巨资进行保护,挽救了剖面,保留了世界黄土地层研究的最佳实验室。如果从经济效益来看,目前该地质公园游客很少,但是我们不能因此而放松保护,要避免单纯的经济效益观,如此重要的世界级黄土剖面地质遗迹,科学意义重大,我们要担当起保护重任,做好地质瑰宝的守护者。

相对于大量的地质遗迹,能得到地质公园保护的毕竟是少数,因此,结合当前的特色小镇建设,可将地质公园属地建成具有地质特色的小镇。对没有条件建立地质公园的地区,只要有重要的地质遗迹,也可以通过建设地质特色小镇进行保护,例如,陕西铜川依靠不整合面上的高岭土资源发展形成陈炉陶瓷小镇。

(二) 地质公园是地质科普知识旅游的践行者

陕西翠华山的山崩地质遗迹,在建立地质公园以前人们对其的认识只是有天池、冰洞和风洞的一个避暑观光之地,但是从地质学角度看,它是罕见的山崩灾害景观地质遗迹，利用地质学知识对其旅游景观的新定位使其知识含量大大增加，逐渐形成山崩景观旅游这一知识产品。在这个过程中，知识的作用是巨大的。地质公园蕴含的科学性最强，对知识的追求更为强烈。

知识经济是建立在知识和信息基础上的，以知识和信息的生产、分配和使用为直接依据的经济。知识大爆炸的时代对知识的需求更大。资产的主要形态是知识，知识成为最重要的生产要素。经济运行的数字化、网络化、信息化都需要专业的知识。同时，知识创新决定知识经济，因此一定要有创新意识。

就地质公园而言，在众多的旅游景区中要想获得立足之地，就要有所创新，主打地学知识普及品牌，在设施建设、解说系统建设、旅游规划、地质遗迹保护、市场宣传等方面以高科技数字化、网络化、信息化贯彻始终，从而引领知识旅游。

（三）地质公园是地质景观价值的挖掘者

在知识旅游发展中，地质公园是一个新生事物，它以通过某种地质作用形成的典型稀有的地质遗迹资源（地层剖面、化石、构造、地貌等）作为物质基础，以其严谨的科学性和特殊的景观观赏性成为大众获得科学知识和赏山悦水的对象，并成为引领知识旅游的先锋。目前，通过地质公园旅游向游客普及地学科普知识，达到寓教于乐的效果。这是地质公园不同于一般景区之所在，因此地质公园不仅是大众娱乐休闲的公园，更是游客获得科学知识的课堂，地质公园给大众提供了丰富多样的地学旅游产品。当然，地质公园的这种特征也是在逐渐认知过程中凸显出来的，许多自然风景区，其实都是某种地质遗迹，如黄山的花岗岩地貌、韶关的丹霞地貌、路南石林的岩溶地貌、五大连池的火山地貌等，但是，在过去很长的时间内，景区管理者并不注意发掘它的地质内涵，对这些景点的认识仅停留在一般的风景欣赏的水平上，游客更难以了解其地学意义。20 世纪 90 年代以来，随着旅游地学的兴起，使得人们有可能重新审视各种自然旅游景观的成因和蕴含的科学价值，具体包括以下三个方面。

一是使得旅游景观有了更丰富的内涵，使得其科学价值原本没有被正确认识的地质遗迹得以重新定位，回归科学。

二是遵循发掘地质遗迹为地学研究和旅游服务的目的，又陆续发现了大批新的地质遗迹，实现了认知的转化。一批原来仅为科学家了解和青睐的地质遗迹逐渐进入一般游客的视野，成为新的旅游目的地，如甘肃张掖的彩丘地貌、云南的澄江动物群、昆仑山地震灾害遗迹、阿拉善沙漠遗迹、新疆罗布泊、甘肃敦煌雅丹地貌、洛川黄土地层剖面、河南云台山的峡谷地貌、山西宁武的冰洞、二连浩特的恐龙遗迹、陕西南宫山的古火山地貌、陕西黎坪的石脊溶槽地貌、金丝峡的岩溶峡谷嶂谷地貌等。

三是促进了造景地貌的研究。例如，张掖丹霞国家地质公园包含着丹霞地貌与彩色丘陵两种不同景观，也是国内唯一的丹霞地貌与彩色丘陵复合区。有的专家认为，彩色丘陵应该属于丹霞地貌的一种；有些则认为它应被归入雅丹地貌；还有人说，彩色丘陵应该单列出来，成为与丹霞、雅丹并列的地貌类型。虽然存在各种观点，但是促进了对这类红岩地貌的成因和形态以及观赏性的深入研究。丹霞类地质公园的建立也使得科学家从地质角度开展丹霞发育的对比研究；云台山世界地质公园正是依靠太行山独特的深切峡谷地貌遗迹成为国内地学旅游的热点；云台地貌、张家界地貌、三清山地貌、华山型花岗岩地貌等逐渐被学界认知。

（四）地质公园是科普教育的承载者

地质公园旅游，目的不仅是感知山水之美，更要用心灵去理解和感悟这种美，从感知到理解再到感悟，这是一个知识不断深化的过程，地质公园则正是实现这一认知过程的平台，也成为知识旅游实证研究的实验室。

通过地质公园科学旅游，使人们对以地壳运动为动力的海陆变迁、岩石矿物形成、地质构造演化、生物进化、地史发展有初步的认识，对地质时空的认识可以促进人们的创造性思维，如直观思维、想象思维、灵感思维、创新思维等。培养人们观察、发现和解读事物的能力，形成辩证唯物论的思维观。

对于一般游客，适当的地质知识普及活动可以增长见识，学会用知识去读懂山水，满足对大自然的好奇心，陶冶情操，树立辩证唯物主义的科学观和人地和谐的理念；对于地质专业学生，完整典型的地质遗迹之美能够使原本模糊的概念化的逻辑思维在个体形象思维中得到认知和证明，再提升为清晰的逻辑思维。

地质遗迹知识教育属于科普教育，是一个国家公民应该具有的科普知识，在增长知识的同时，培养和树立一种精神理念以及与自然和谐相处的高尚境界。

地质公园的建立，使得地质遗迹资源得以重新被认识和利用，成为大众科学知识的提升平台，有利于提高全民的科学文化素质，使其直接为人类社会的文明进步服务。

（五）地质公园是属地经济发展的促进者

开展科普为主的旅游是地质公园的重要功能。以地质遗迹为特色的旅游将促进地质公园的发展和地方经济收入的增长。因此，历届国家地质公园审批时许多地方政府都全力支持申报工作。地质公园已被越来越多的地方当成推动经济发展的招牌，许多地方已从中受益。地质公园可以在交通、农家乐、土特产品、基本设施建设等方面就地接纳农村富余劳动力，可以促进当地经济的发展和居民生活水平的提高。地质公园还促进了当地居民生态环境保护和地质遗迹保护观念的提升，使他们真正认识到地质遗迹资源保护的重要性。

陕西汉中黎坪国家地质公园属黎坪镇，地处大巴深山区，位置偏僻。近年来，随着国家政策扶持和地质公园的建成运作，游客逐渐增加，通过开办农家乐等，居民生活水平有较大提高。

1）提出旅游扶贫新思路

陕西汉中黎坪国家地质公园自2011年入驻黎坪镇以来，积极参与镇上的精准扶贫工作，落实扶贫户名单和目标，责任到人。与当地政府有力配合精诚协作，积极探索经济发展的新方向，通过立足地质遗迹、森林、水体、气象等资源优势，加快发展旅游业，确定了以建设旅游名镇为目标的新思路。结合近年来的脱贫攻坚工作，改变当地单一经济结构，将旅游扶贫培育成为黎坪镇新的工作方向，促进区域形成以扶贫为先导，结合旅游产业发展、重点项目和美丽乡村建设为一体的新发展趋势，取得了良好的效果。如今黎坪镇已发展成为省级生态名镇、市级重点镇。

2）实施全域旅游理念

黎坪全镇的发展思路围绕公园发展进行，开展各种民宿民情乡村旅游，打造黎坪特色小镇、黎坪高山牧场田园风光旅游、休闲避暑、野营基地、自驾车旅游基地等；通过吸纳当时村民参与黎坪建设，增加经济收入。

自陕西汉中黎坪国家地质公园开发建设以来，参与建设的当地居民占据了相当数量，无论是参与务工，还是开办农家乐，或者出售旅游产品，从事旅游服务，公园的建设为解决当地的就业、农产品销售提供了巨大的便利。2018年底，全镇共2536户，农村人口7188人。其中贫困户576户，1236人，仅占2011年3500多贫困人口的三分之一左右。对改变黎坪贫困落后的现状起到了重要作用。

3）旅游服务业蓬勃发展

2011年以前，黎坪镇的餐饮店屈指可数，前来旅游的人数极少。随着陕西汉中黎坪国家地质公园的建成后不断地宣传推广，截至目前全镇农家乐有30个，还有黎坪假日酒店、西流河酒店、陕南军区疗养院等四星级酒店3个，神逸酒店等三星级酒店5个，年接待能力达到30万人次以上。

4）旅游产业链逐渐形成

陕西汉中黎坪国家地质公园带动了旅游服务业发展的同时，相关旅游产品的开发也越来越受到当地政府的重视。旅游产业发展形成可喜的局面。目前黎坪镇参与开发旅游产品的企业、社团组织、合作社等有10余家，主要涉及土特产品的开发、特色农产品种植养殖、果游结合的现代农业园区建设，村民发挥自主性的经济合作组织等。全镇形成了六大产业园区，包括元坝社区千亩樱桃园、五郎坝村千亩猕猴桃园、集观赏与实用于一体的油菜制种基地、松坪土蜂养殖基地、黎坪万亩雏菊园、肉牛养殖合作社等，改变了过去百姓靠天吃粮，靠政府救济的窘迫局面。对改变当地的产业格局，调整产业结构起到了巨大的推动作用。截至2018年全镇人均年收入由原来的3500元增加到6853元。

5）基础设施全面提升

为有力配合陕西汉中黎坪国家地质公园建设，提升旅游综合服务能力，公园与当地政府联合对土路、砂石路进行全面改造升级，完成了集镇到龙山、黎坪村的柏油路，集镇到桃源、松坪村的通村水泥路，使全镇 8 村 1 社区全部通水泥路、柏油路，同时完成了汉黎路的改造。

对 8 村 1 社区实施人饮工程，确保全镇百姓饮水不困难，安全有保障，改变过去遇到干旱或冬季缺水无水的状况。及时进行了电网改造升级，满足镇域内用电需求的不断提升，为旅游旺季的服务质量提供了保障。黎坪镇内通信设施齐全，功能完善，截至 2018 年全镇有文化活动广场 10 处，一江两岸建设将进一步完善黎坪镇的基础设施，为游客提供更多的休闲娱乐方式。

第二节　地质公园规划

一、规划文本编制原则

地质公园规划首先要求树立全新、全局的规划理念，仅关注旅游发展的地质公园规划是片面的。严格地说，地质公园规划主要是为了保护地质遗迹，在此前提下，通过旅游开展科学普及活动，从而提高广大人民科学文化素质，建立环境保护的意识，促进人地和谐发展。当前，很多地质公园所在地的政府部门对这一理念认识不够，眼光仅局限于经济效益，当然，经济效益是要重视的，但不能忘记建立地质公园的最终目标，因为保护地质遗迹资源是对认识地球文明进程和人类自身发展最大的贡献。

地质公园规划要以科学发展观为根本指导方针，以保护地质遗迹、普及地学知识、促进公园所在地区社会经济可持续发展为基本原则。

地质公园规划的技术原则是突出总体规划中的地质公园理念及特色；有利于地质遗迹保护和可持续利用；有利于地质公园建设和健康发展；具有实际可操作性和可测度性。

地质公园规划总体目标是在体现地质公园理念的前提下，全面协调与各方面的关系，统筹兼顾，制定出一个能指导地质公园建设、管理和发展的总体规划。

二、对规划者的要求

地质公园规划应该由地质、地貌、旅游管理等多学科专业人员组成。规划者必须首先对地质遗迹进行实地考察，因此应配备专业地质人员。地质公园规划的内容和要求是公园区域地质背景、地质遗迹类型、地质遗迹成因分析、地质遗迹评价、地质遗迹保护区划分、地质遗迹保护方案、科学解说系统构建、科学研究项目、科学普及行动、科普旅游市场开拓、地质公园数据库建设、地质公园管理机构与地质专业人员配置、地学导游培训、地质公园建设方案等[6]。因此，在编制地质公园规划时，必须明确地质公园的独特要求，以体现地质公园规划的特色。

三、对编制技术的要求

2015年，国土资源部发布《关于取消国家地质公园规划审批等事项的公告》对《国土资源部关于发布〈国家地质公园规划编制技术要求〉的通知》相关规定不再执行，新的管理要求另行通知。2016年，国土资源部发布了最新的《国家地质公园规划编制技术要求》，与2010年编制技术要求相比，突出了以下内容。

（一）地质公园范围划定

地质公园范围划定应符合国家主体功能区规划，应避免与已有矿产资源勘查开发区、大型工程建设区域和工业园区、城镇居民区域交叉重叠。地质公园面积原则上不小于10平方千米。特别强调地质公园的土地权属应清晰并有证明文件，划定公园边界时必须保证园内无探矿权和采矿权。国家地质公园范围调整规定为：有关地方人民政府应按照相关规定报批，并按照批准后的园区范围和面积重新编制国家地质公园规划，发布实施。

（二）园区设置

地质公园可分为相对独立的园区和园区之下的景区，可以设置互相隔离的园区，但不超过两个。

（三）功能区划分

2010年的编制技术要求是四大旅游功能区，即地质遗迹景观区、游客服务区、居民点保留区、自然生态区。2016年《国家地质公园规划编制技术要求》修正为地质遗迹景观区、自然生态区、人文景观区、综合服务区（含门区、游客服务、科普教育、公园管理功能）、居民点保留区。将具有一定范围的历史古迹、古典园林、宗教文化、民俗风情等游览观光区域专门划分为人文景观区，体现地质公园对人文旅游资源的重视。

在实际划分时，一些人文景观和居民点往往分布在其他各区中，无法专门划分封闭区域，应根据实际情况酌情处理。需要指出的是，地质遗迹景观区应全部属于地质遗迹保护区；地质遗迹保护区分为特级保护点（区）、一级保护区、二级保护区和三级保护区，但并非任何一个地质公园都必须划分出这四个保护区，应根据实际情况划分，可以减少某个区。2016年《国家地质公园规划编制技术要求》指出：特级保护点（区）是指科学价值极高且易于受损的地质遗迹点。其中，易于受损可理解为对于耐受性强的地质遗迹，可不列入特级保护区，一般对于高级别的特级保护区和一级保护区不宜划分过大，以免因欠缺保护经费起不到保护作用，同时不恰当地设置过多特级保护区也不利于旅游活动的开展。

（四）地质遗迹评价

2016年《国家地质公园规划编制技术要求》强调了地质遗迹评价。一是要采用对比分析方法选择与本公园地质遗迹类型相同或相近的地质遗迹进行对比，对比的特征与要素（属性）必须反映地质遗迹的重要特征和价值。世界级要选择世界范围内典型的地质遗迹进行对比，国家级要选择国内典型的地质遗迹进行对比。二是专家鉴评法，组织相关专业的权威专家（一般不少于5人）根据评价标准并结合其工作经验，判断地质遗迹的价值，评价地质遗迹的级别。这样可以防止对地质遗迹等级评价的主观影响。

（五）地质遗迹登录

2016年《国家地质公园规划编制技术要求》规范了地质遗迹登录，规定其由单个地质遗迹登记卡片和地质遗迹名录表组成。应逐个登记地质遗迹点卡片，建立地质遗迹档案，按类按级编列公园地质遗迹名录，在此基础上建立地质遗迹数据库。

（六）地质公园博物馆

针对目前存在的地质公园展览内容纷繁复杂，片面追求广而全，以致全国雷同等问题，2016年《国家地质公园规划编制技术要求》强调各地质公园博物馆展出内容应体现本地质公园地质遗迹、自然生态和文化特色，并与其他地质公园同类型地质遗迹进行对比，这样可以彰显各地质公园自身的特点。同时提出地质公园如有两个独立园区，另一园区应当建立相应的陈列室。

（七）解说系统

关于解说系统，2016年《国家地质公园规划编制技术要求》增加了提倡利用新技术和媒体开展多种形式的电子解说系统建设的内容，今后公园的解说牌可广泛使用二维码扫描等方式；解说词应科学准确、通俗易懂，还应针对不同讲解对象编写不同的版本；对地学导游提出更高的要求，如导游应参加地学知识培训，每人每年应不少于20个学时。

（八）科学研究

虽然地质公园的科学研究在规划中都有明确的项目和计划，但完成的关键在于项目申请渠道以及与社会科研力量的合作。2016年《国家地质公园规划编制技术要求》提出，整合现有各方面的研究资源，制定与国内外相关研究机构、大专院校、专家的合作计划和近期实施方案（合作单位、课题、技术方案等），以及地质公园自身科技人才的配置和培养计划。同时，为保证经费，该技术要求进一步提出，制定优惠政策，吸引相关科研机构、大专院校的科研人员自带课题到地质公园开展科学研究工作，成果共享，争取获得国家科研计划或国际科研合作项目的资助。

（九）规划图件

2016年《国家地质公园规划编制技术要求》确定了规划图件为：地质公园区位和外部交通图、地质公园地质图、地质公园边界图、地质遗迹及其他自然人文资源分布图、地质遗迹保护规划图、地质公园规划总图、地质公园园区（景区）功能分区图、地质公园土地利用规划图、地质公园综合服务区规划平面图、地质公园科学导游图。删去了地质公园遥感图，增加了地质公园综合服务区规划平面图。鉴于以往规划图件技术要求不统一，特别对每幅图提出了编图内容，统一设计了图例符号。

（十）关于规划申报审批

2016年《国家地质公园规划编制技术要求》规定，“国家地质公园规划由申报地质公园的地方人民政府组织编制并发布实施。规划期满前3个月，地方人民政府应组织编制新的国家地质公园规划并发布实施，《规划》内容需要调整的，由公园所在地地方人民政府决定并组织修编和发布实施”。然后将规划审批范围下放到地方，强化了地方人民政府对地质公园的监督管理。

总之，本次技术要求与原有技术要求相比，规划内容更加全面、要求更为细致严格、图件更加规范统一，彰显了地质公园以保护地质遗迹、科学普及和促进属地经济发展的宗旨，这是地质公园规划工作者新的机遇和挑战。

陈安泽教授特别强调，《地质公园规划》的编制、提交、评审、颁布实施是一件技术性很强、政策性很强的工作。公园属地的地方人民政府要选好《地质公园规划》编制承担单位，承担单位要认真做好规划，要严格进行《地质公园规划》初审、报批、批复关，当地政府要切实介入规划工作的全过程，并将《地质公园规划》依法颁布实施。只要严格按照这些程序和步骤执行，一个合格的地质公园规划必然会应运而生，地质公园的建设和管理工作将因此而获益。地质公园必定会走向规范化、标准化、制度化、科学化管理的新时代。

参考文献

[1] 陈安泽. 旅游地学大辞典[M]. 北京：科学出版社，2003.
[2] 赵逊，赵汀. 中国地质公园地质背景浅析和世界地质公园建设[J]. 地质通报，2003，22(8)：

620-630.
[3] 白凯,吴成基,陶盈科. 基于地质科学含义的国家地质公园游客认知行为研究——以陕西翠华山国家地质公园为例[J]. 干旱区地理,2007,30(3):438-443.
[4] 张玲,吴成基,彭永祥,等. 游客对地质遗迹景观的解说需求研究——以翠华山国家地质公园为例[J]. 旅游科学,2010,24(6):39-46,54.
[5] 赵逊,赵汀. 地质公园的发展与管理[J]. 地球学报,2009,30(3):301-308.
[6] 陈安泽.《国家地质公园规划》是建设和管理好地质公园的关键[J]. 地质通报,2010,29(8):1253-1258.

第九章　地质公园建设

第一节　地质公园解说系统

地质公园解说系统是普及地质知识、传递科学之美的渠道，是地质遗迹知识的传递者。

目前，地质遗迹之美并没有被充分认识，地质公园的旅游者仍然停留在仅仅是赏山阅水的游览层次，要达到上述认识境界，就要从科学角度去认知，用丰富的心灵情感去体验。因此，地质公园管理者和旅游地学工作者应将提升旅游者的认知作为一项义务和责任，其中最有效的方法是建设地质遗迹解说系统。

一、解说系统概述

世界旅游组织认为，解说系统是旅游目的地诸要素中十分重要的组成部分，是旅游目的地的教育功能、服务功能、使用功能得以发挥的必要基础，是管理游客的方式之一。北京大学吴必虎认为，解说系统通过运用某种媒体和表达方式，使特定信息传播并到达信息接收者中间，帮助信息接收者了解相关事物的性质和特点，并实现服务和教育的基本功能。台湾学者吴忠宏认为，解说是一种信息传递的服务，目的在于向游客阐释现象背后所代表的含意，提供相关的信息来满足游客的需求与好奇心，同时又不偏离中心主题，期望能激励游客对所描述的事物产生新的见解。还有学者认为，通过解说的独特功能，可以实现资源、游客、社区和旅游管理部门之间的相互交流。

地质公园的解说系统建设，主要以传授和普及科学知识为目标，具有四个方面的含义：其一是通过解说和双方的信息交流帮助游客理解与欣赏地质遗迹资源、其他自然旅游资源以及人文旅游资源，从而使游客融入地质公园的自然与历史中，获得相应的科学知识，接受辩证唯物主义教育，提升人文修养，进而尊重、爱护自然与历史文化；其二是突出科普教育功能，这是地质公园与一般景区解说系统建设相比最大的亮点；其三是通过对地质遗迹等景观移情效应和联想效应的运用与解释，使游客不仅从生理上而且真正从心灵上享受到地质美，得到某种理念的升华和心灵的震撼，达到完美的旅游愉悦体验；其四是通过解说影响游客的态度与行为，寻求游客对地质公园相关工作与规章制度的理解与支持，从而规范游客行为，培养其社会责任感和使命感。

可以通过地质公园向青少年普及地学知识，这些地质遗迹对于久居城市远离大自然的青少年而言，具有极大的神秘感和吸引力，他们渴求了解这些地球造化的奥妙。沉睡多年的地质遗迹，在21世纪的今天开始走进社会大众的视野，为大众所关注，这是地质遗迹对社会做出贡献的重要一步。应该充分利用地质遗迹向大众普及地球科学知识，了解地球亿万年的发展，认知身边的岩石矿物，体会地质作用造就奇异地貌景观之艰辛，树立科学观。

科普教育的作用在于传播一种对大自然尊重和敬畏的理念，高山激流、奇异地貌使人们不由得萌生出对大自然的敬畏之心，反思人类对大自然的破坏，人不再是大自然的主宰，只有呵护大自然，才能与大自然和谐相处，最终造福人类本身。

通俗生动的解说是将游客引入地学旅游的重要环节，好的导游和讲解词会使游客关注地质遗迹，因此导游首先要熟悉地质知识，掌握一定的地质野外考察知识与经验。地质公园的导游不同于一般导游，他们是具有一定地学科学知识的专业工作者，是地质科学的传播者。但是目前大多数地质公园导游尚不具备这些基本素质，与原国土资源部要求每个地质公园应配备地质导游的要求有很大差距。在目前招聘专业大学生困难的情况下，公园应立足于自身，和相关高校联合有计划地培养专业的导游。

地质公园解说系统要严格按照景观形成的由来进行科学解说，严禁毫无根据的杜撰和错误解说，应该给游客讲述一个科学故事而达到寓教于乐的目的，在地学基础上建立起科学规范的解说系统。有效、完善、科学的解说系统是地质公园实现建园宗旨确保可持续发展的关键。同时，在地质遗迹解说系统中应注意将科学性与通俗性相结合，如何用最通俗的语言介绍地质知识，是解说的难点，至今未能很好解决。主要问题是解说语言过于科学严谨生僻，游客难于理解，起不到科普的作用。作者曾经在张家界、云台山、武当山、麦积山等地质公园做过观察，游客在解说牌前多数是匆匆而过，少有人仔细阅读解说牌上的内容。而且这些公园的地质遗迹解说牌普遍偏少，感觉不到是在地质公园旅游。目前一些地质公园有专职导游带领游客旅游，这对导游的综合素质提出了很高的要求，需要有较强的组织能力、出色的口才，还要有扎实的专业知识，要摒弃以神话故事、迷信为主的讲解，应该让游客在地质公园得到新的感受，呼吸到别样的科学气息。所以讲解一定要科学通俗、幽默风趣、设置疑团、引人入胜，避免冗长的纯科学描述。

就科学传播渠道而言，公园内有两个“地质博物馆”：一个是室内博物馆，馆内用实物标本、图片、模型、电子显示设施等，展出园区地质、生物、民俗、历史等，使游客在游览前就了解到地质遗迹的概况、形成原因和发展演化等方面的知识；另一个是室外地质景观解说牌，每处重要景点（或景物）都有中外文（外文以英文为主）的解说牌，使初中及初中以上文化水平的游客都能读懂解说的内涵，使游客在没有导游的情况下，也能了解到自己感兴趣的科学知识。云南石林世界地质公园在游客必经的道路边设置地质遗迹科普长廊，系统介绍了地质遗迹，形成一个专门的游客观赏科普地段，对零星布局的解说牌系统是很好的补充。除此之外，每个导游都必须经过培训后上岗，向游客讲述公园的基本地质科学知识，吸引国内外专家、地学爱好者和广大青少年学生前来考察、探险，使他们扩大地学知识面，提高全民素质。

二、解说系统架构

地质公园特别强调科普教育功能，而要实现这一功能，就必须建设一套突出科普教育功能的先进、科学、完善的解说系统[1]。

由于地质公园是与一般景区不一样的特殊旅游目的地，其突出科普教育功能的解说系统应有自己的特点。解说系统包括三个方面：一是地质博物馆，它通过声像结合、动静结合、图文并茂、实物模型展示，系统介绍地质遗迹的形成环境、成因和景观美，同时普及地学知识使游客对公园地质遗迹有一个整体的认知。二是公园的解说牌，解说牌可以分两种：一种是专门的地质遗迹科学特点介绍，借以开展科研探索和普及地学知识；另一种是具体展示地质遗迹景观美并介绍所蕴含的科学性，寓教于乐。后者更为重要，需要兼顾科学解释并浅显易懂。三是专业导游队伍建设，要配备具有专业知识、情感丰富、语言幽默的导游队伍，也可吸收有地学知识的中老年专家学者参与。

地质公园解说系统由五大支系统构成，如图 9.1 所示，其包含以下几部分：

公共信息标识系统，包括社会宣传牌、主碑副碑、警示牌、导向牌、安全提示牌、服务设施牌。

地质遗迹解说牌系统，包括园区解说牌、景区解说牌、景群解说牌、景点科普解说牌、地质遗迹点科考解说牌。

科普实践系统，包括科普路线设计、导游解说、专题考察路线设计、科普读物、音像制品。

博物馆系统，包括解说员讲解、影视厅、游客互动、研学营、地质讲座、科普读物、地学旅游商品。

网络信息支撑系统，包括综合管理信息系统、地学旅游服务系统、公园融媒体系统、公园大数据分析系统。

作为游客观赏的具体对象，地质遗迹景观解说牌最为重要。它具体展示地质遗迹景观美，并介绍地质遗迹所蕴含的科学性。地质遗迹景观是地质公园的吸引力所在，它们往往是经过大自然鬼斧神工而形成的，造型惟妙惟肖、形态独特，能给游客带来丰富的联想和美的享受，是科学性和观赏性相结合的产物。地质遗迹景观的解说牌可以请熟悉文学的人士和地质专家一起进行编写，编制出富有想象力的景观名称、简明扼要的内容，以便游客通过解说牌来了解地质遗迹景观的地学价值[2,3]。

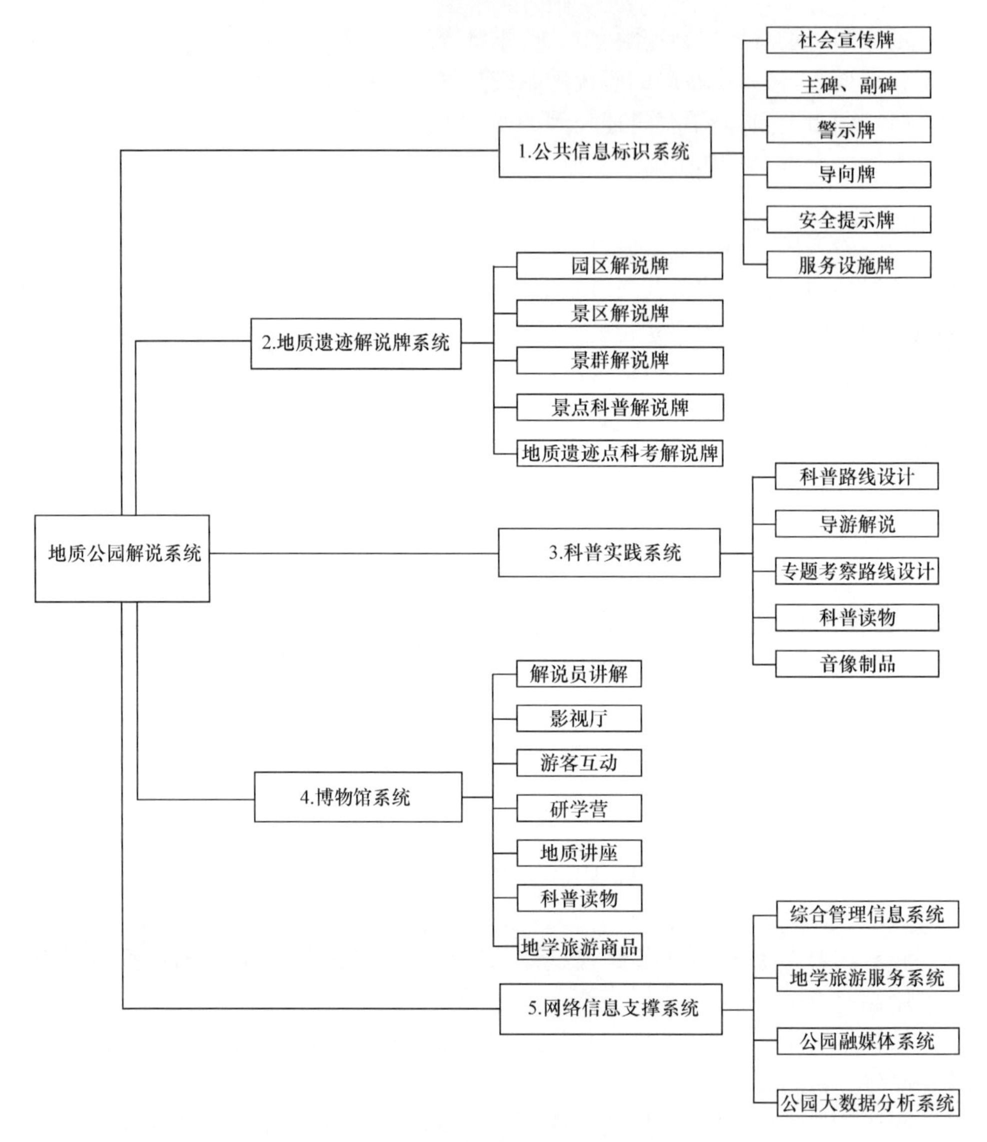

图 9.1　地质公园解说系统构成图

另外，可以根据地质遗迹研究的需要设立针对专业人士研究的地质遗迹解说牌，这些有代表性的典型的地质遗迹点，如剖面沉积构造、地质构造点、断层构造形迹等，尽管不具有很强的观赏性，但是具有科学研究价值。因此，此类解说牌与一般地质遗迹景观解说牌不同，其以科学性为主，阐明该地质遗迹研究的现状和未解决的疑难点，以便引起地质界同仁的关注和深入研究[4]。

下面以陕西商南金丝峡国家地质公园为例，重点说明地质公园解说系统中地质遗迹解说牌系统和公共信息标识系统的构建与设计。

根据作用及功能的不同，结合公园景区的划分，金丝峡国家地质公园地质遗迹解说牌系统包括一级地质公园解说牌、三级景区解说牌（仅有一个园区，二级和三级合并）、四级地质遗迹点解说牌和五级地质遗迹要素解说牌（金丝峡特例）。公共信息标识系统包括公园道路导向牌、公园服务设施牌、公园安全警示牌。解说牌内容有中文、英文及日文三种语言表达，解说牌左上方附有地质公园、森林公园、金丝峡景区三种徽标。

地质公园解说牌为公园最高级别解说牌，重点介绍公园的名称、面积、景区划分、主要地质景观特征以及科学价值与意义。该解说牌是对公园基本特征进行概括，要求语言文字简明、优美、通俗，便于游客理解。

地质遗迹点解说牌主要介绍地质遗迹名称、特征、成因、地学意义，涉及构造带、山区河流、岩石构造、侵蚀地貌、泉湖景观等。

地质遗迹要素解说牌的主要功能是向游客介绍地质遗迹中的具体要素，主要为了普及科学知识。布设在陕西商南金丝峡国家地质公园褶皱构造的核部、翼部；断层构造的上盘、下盘；金狮洞的方解石结晶，仙人湖—金狮洞的科考道路地段、情人谷背斜的两翼、黑龙峡褶皱谷的背斜构造核部，金狮洞晶洞的内部的重要遗迹点。

三、解说牌、标识牌解说与实例

地质遗迹解说牌系统的解说是一种面向受众的科普服务，解说牌设计应遵循以下原则：第一，做到科学性和通俗性协调统一。一方面，解说牌内容应考虑到游客的知识水平和理解程度，不宜过深和过于专业，应该在保证科学意义的前提下尽量使解说通俗易懂。另一方面，应该有意识地向游客介绍基本的地质知识，如对节理、断层、石灰岩等一些基础地质名词进行科学讲解。同时，由于解说牌可容纳文字有限，外文解释一定要简化，无需与中文一一对应。第二，解说内容、解说手段要突出保护主题。地质遗迹是在漫长的历史中形成的非再生资源，保护地质遗迹是第一位的。因此，无论是解说的内容还是各种解说手段，都要突出保护的主题，例如，在溶洞一些化学沉积遗迹边缘设置醒目护栏等设施以避免游人破坏。另外，可以在解说牌中特别注明其科学意义，如溶洞形成时间的古老石钟乳、石笋等化学沉积物形成的长期性和艰难性，以此唤起游客的保护意识。第三，解说牌的表现形式应多样化。地质遗迹解说牌包括景区解说牌、旅游书籍、图册、导游图、多媒体声像互动、信息系统解说等，解说牌设计应图文并茂，可运用互联网技术设置二维码扫描，形成多形式立体化的解说模式。地质公园公共信息标识牌以导向和警示功能为主，在实践中通常与公园解说牌作为一个系统设计。

以下以国家地质公园为例进行分析。

（一）一级地质公园解说牌

一级地质公园解说牌内容设计如下：

陕西商南金丝峡国家地质公园位于陕西省东南部商南县西南60千米，属亚热带半湿润季风气候向暖温带半湿润气候过渡类型。

公园大地构造属于秦岭—大别造山带，上元古界和下古生界白云岩、白云质灰岩、石灰岩等碳酸盐岩组成公园主体地层。

公园分为金丝峡和冷水河两大园区，总面积28.6平方千米。主要地质遗迹是岩溶峡谷地貌和多级瀑布。隘谷—嶂谷—峡谷发育序列清晰、典型；13级阶梯式瀑布群拾级而上。这些地质遗迹对于研究秦岭构造与环境演化，发展地学旅游，科考、科普均具有重要意义。

公园森林覆盖率达89%。有植物1696种，红豆杉、大果青树、香果树、兰科等珍稀植物30余种，保存有秦岭地区面积最大、最古老、郁闭度最高的短柄枹栎原始森林。

优越的生态环境孕育出窄、幽、秀、奇的金丝大峡谷，被誉为“峡谷奇观，生态王国”。

金丝大峡谷2002年12月进入国家森林公园行列，2009年成为国家AAAA级旅游景区，同年入选中国最美的十大峡谷。2010年被国土资源部评为国家地质公园。

热忱欢迎各界游客来公园亲近自然、观赏奇峡、放松心情、解读山水。感受科学美和自然美的完美结合，得到心灵的愉悦、地学奥妙的认知和人地和谐观的升华。

（二）三级景区解说牌

金丝峡国家地质公园黑龙峡景区三级解说牌内容设计如下：

黑龙峡景区呈S形向南西向展布，长约8千米，系流水沿着北东—南西向断裂及其节理溶蚀而成。峡谷谷底最窄宽度为0.8米，切割深度786米。蜿蜒曲折，陡崖相夹，以嶂谷为主。岩性为白云岩和白云质灰岩。发育典型的褶皱构造和背斜谷、向斜山等构造地貌地质遗迹。有九龙潭、情人谷、金狮洞、月牙峡等地质地貌奇观。负氧离子浓度达500万个每立方米，是一个天然大氧吧。

（三）地质遗迹点解说牌

马刨泉和鳄鱼皮白云岩是金丝峡国家地质公园内一处地质遗迹点，其解说牌设计如下：

马刨泉：马刨泉是地下水沿着岩溶裂隙溢出的上升泉，常年稳定流量为0.39立方米每秒。泉水甘甜清凉，富含人体所需的锌、硒、铁、钙等十多种微量元素，是天然矿泉水。

鳄鱼皮白云岩：白云岩发育的两组密集节理和水流的差异溶蚀作用，使其表面上形成了类似鳄鱼皮状的溶蚀纹沟。

（四）主碑、副碑解说牌

主碑、副碑是公园的标志，用立碑的形式表现地质公园与一般景区的区别。碑常用石材建造，石材选取应符合公园主要地质遗迹的岩性，如溶洞地质遗迹类公园可用石灰岩，花岗岩地质遗迹类公园可用花岗岩。还应注意与地质遗迹特点相吻合，如对于峡谷类地质公园，主碑应竖立为好，以体现其竖向延伸的特征。造型无统一要求，可视公园特色进行创意设计，例如，北京石花洞国家地质公园主碑寓意深远，左侧书本寓意地质历史画卷，右侧为公园最具特色、分布最广的钟乳石（石旗）形态，简单的造型说明公园是数十万年形成的岩溶洞穴景观（图 9.2(a)）；又如，山西永和黄河蛇曲国家地质公园的主碑上将河流的蜿蜒曲折以弯曲龙的形状展示，寓意中华民族曲折艰难的奋斗历史，也彰显公园的蛇曲地质景观特色（图 9.2(b)）。主碑位于公园的大门附近，在各园区或重要的景区可以设置尺寸小于主碑的副碑，副碑上也必须有地质公园的全称以及授予单位。主碑和副碑的背面篆刻公园简介，文字不宜过多，中外文兼有，副碑的文字更应精炼。

(a) 北京石花洞国家地质公园主碑

(b) 山西永和黄河蛇曲国家地质公园主碑

图 9.2　主碑

（五）公共信息标识牌

公共信息标识牌是地质公园信息的载体，是公园服务品质的体现，肩负着塑造旅游地形象和最大限度地服务游客的使命[5]。

公共信息标识牌应使地质公园的服务更加人性化。各种用语应文明、温馨、易记，避免严禁、罚款等粗暴简单用语，同时各种标识牌设计应自然、简洁、大方、醒目、规范、完整、尺度适宜，符合游人欣赏习惯，符合地质公园的性质和景观特征，有科学内涵和地方文化特色。

公共信息标识牌还有很强的实用功能。不同的目的应设立相应的牌子,如公共场所标识、交通标识、卫生间标识等,在游客易迷失方向,可能践踏花草及各种危险地段,均应有相应的标识牌。

公共信息标识牌还能起到装饰地质公园的作用。通过对其艺术化、风景化,可以使标识牌成为地质公园内一道靓丽的风景,更容易让游客接受和认同。

公共信息标识牌也可根据实际情况简化为三类:在公园内、外公路和岔路设置公园交通导向牌,说明公园位置和距离,要求规格较大并且线路字体明显,易于为游客识别。在公园游览道路和岔路设置景点导向牌,引导游客进入下一个景点,景点导向牌力求与环境协调,不宜过大,内容简明扼要;导向牌上应标注导向图和游客目前所在点。公园还应设置必要的安全提示牌,以保证游客安全和公园环境的整洁(图 9.3)。

(a) 公园交通导向牌

(b) 公园景点导向牌

(c) 安全提示牌

图 9.3　公园公共信息标识牌

（六）扩充解说牌

地质遗迹分布在一定的地质环境和地理空间，其特征和成因与这些地质和地理环境密不可分。通常地质公园的解说多注重于地质遗迹介绍，而忽视了地理环境的解释。为了让游客不仅可以欣赏地质遗迹美景，也可以了解地质公园的区域性地理知识，解说牌内容不应局限于对公园地质遗迹的介绍，可以引申扩充，例如，介绍地质公园所在山脉的形成、海拔、特征等，介绍有重要地理意义的标识点（处），如高山、中山、低山的海拔分界点，中国南北自然地理分界线，山地垂直自然带谱系，土壤典型剖面，特有林相和树种等。

下面以秦岭终南山世界地质公园为例进行说明。

1. 区域地理类解说牌设计

话说秦岭：秦岭是横贯中国中部的东西走向山脉。西起甘肃，经过陕西，直达河南崤山—熊耳山—伏牛山。长约 1600 千米，宽 200～300 千米。秦岭—淮河一线是中国地理南北分界线。狭义上的秦岭，仅限于陕西省南部、渭河与汉江之间的山地。秦岭有冰川冰缘地貌、断块山地、花岗岩峰林峰丛、山崩地质灾害、混合岩等丰富地质遗迹，秦岭更以南北板块碰撞缝合特征成为世界著名的造山带。

秦岭的北坡与南坡各有什么特征？北坡靠近秦岭北麓大断层，受断层北仰南俯影响，山脉主脊偏于北侧，北坡短而陡峭，河流深切、峡谷发育，通称秦岭“七十二峪”；南坡长而和缓，有许多山岭和山间盆地。

秦岭的峪：秦岭北坡号称有 72 峪。共同特点是横剖面 V 字形，两坡陡峻，河床为坚硬岩石，比降较大，一般为 2%～10%，因此多急流、瀑布和跌水。太平峪长 32 千米，直达秦岭分水岭，河源海拔 2450 米。

2. 动植物类解说牌设计

杜仲：又名思仙、木棉、丝连皮。中药杜仲为杜仲科植物杜仲的干燥树皮，可补肝肾，强筋骨。

杜鹃花：别名映山红。全世界约有 900 余种，云南、西藏和四川三省区的横断山脉一带，是世界杜鹃花的发祥地和分布中心。

秦岭冷杉：属于松科，常绿乔木，高达数十米。生长于海拔 2300～3000 米的秦岭地区。喜气候温凉湿润、土层较厚、富含腐殖质的棕壤土及暗棕壤土的山地环境。属于国家三级濒危保护植物。

3. 特殊地理意义点解说牌设计

植物垂直带谱：因山地高度上升，气温降低，植物呈现出有规律的变化，形成典型的山地植物垂直带谱，从公园入口到山顶依次出现针阔叶林（海拔 1980 米）—针叶林带（海拔 2400 米）—针阔叶林、针叶混交林（海拔 2600 米）—亚高山灌丛草甸（海拔 2600 米以上）。

高山草甸：这里高度2640米，在冻融夷平面上广泛分布着各种低矮草本植物，似绿毯，夏季杜鹃花开，鲜艳夺目，冬季白雪皑皑，旷野苍凉，时有狂风肆虐却也心旷神怡。

终南山与秦岭的关系：终南山位于秦岭山脉中段，是秦岭主脊以北，西安市地界秦岭的总称。终南山主峰海拔2654米，属于中山地貌。终南山是一座文化之山，以独有的吟诗文化和隐士文化享誉全国。

中国大陆东部最高山峰——太白山：在秦岭东段的陕西周至、太白县交界处，秦岭太白山以海拔3771.2米成为中国大陆东部最高山峰。

世界最大的崩石：右侧巨石可见体积为80490立方米，为世界崩石之最。与左侧石块形成一个巨大的石门。

四、地质博物馆解说

地质博物馆是一个集科普性、趣味性和参与性为一体的地质科教基地，是地质公园开园的重要条件之一。地质博物馆建设的首要功能是在有限的空间内集中展示本地质公园的地质遗迹资源及其旅游价值，让游客对本地质公园有一个初步的了解，为下一步在地质公园内观光体验打下基础。游客到地质公园博物馆参观，能加深对地质公园地质遗迹资源及其科学价值的了解，提高游客科学文化素质。另外，地质博物馆的建设为地学教学和专业研究提供了专门的场所。

博物馆主要通过图片展示、文字说明、模型展览、影视播放、标本观赏以及工作人员现场讲解等系统解说手段，使用现代化的声、电、光、动态模拟演示、视频、多媒体等先进技术，力求展览形式活泼生动，向游客展示本公园独特的地质地貌类型及其形成、发展、演变的过程，并展示其所蕴含的地学原理和科学意义。

地质博物馆突出地学知识解说服务和地学扩充知识解说服务，使其成为地质公园科普宣传中心和游客向往的公园亮点，它通过声像结合，动静结合，图文并茂，实物模型展示，系统介绍地质遗迹的形成环境、成因和景观美，同时普及地学知识，给游客以公园地质遗迹整体的认知。

地质博物馆在介绍本公园地学知识的同时，进行地学扩充知识解说服务，除介绍必要的地质基础知识外，还阐述国内外与此地质公园地质现象相同、相似或相关的地质地貌概况，向游客普及地学知识。引导并组织游客（特别是团队游客）参观地质博物馆，观看视频，为游客介绍公园地质遗迹的特征、成因及科学和美学价值，因此需高标准建设博物馆，应用现代化布展手段，实现动态展示与静态展示相结合，加强参与性和趣味性，特别要注意吸引青少年，条件成熟时可建立专门针对少年儿童的科技馆。

博物馆可定期举办地学知识讲座，聘请专家学者以讲座形式普及各种地学知识，并与游客互动回答问题。博物馆应展出当地和常见的岩矿标本，这些标本应通过标本说明和简单的鉴定方法，使游客学会鉴别，可设置岩矿标本鉴定台让游客实际鉴定，增加游客参与性，激发他们对岩石矿物的兴趣，达到寓教于乐的目的。

博物馆影视厅播出视频可以采用3D(三维)、4D(四维)技术达到震撼效果，同时更应内容丰富，观看后能使游客对公园地质遗迹及其形成有一定了解，学到真知。

另外，博物馆的工作不仅限于室内展示讲解，还包括公园的科研科考、地质遗迹宣传、组织科普活动、科普知识讲座、竞赛等，以丰富多彩的活动使博物馆成为地质公园地学科普旅游的亮点。

五、导游解说与实例

导游解说服务是地质公园解说系统的核心部分。在地质公园，游客在对地质遗迹景观获得感性认识的基础上，希望上升到理性认识，往往会对有关地质遗迹景观的特点、成因、演变、保护等科学内容提出各种各样的问题，希望导游对上述问题给予详细的讲解。此时，导游应能满足游客的要求，让他们在愉快的游览体验中了解有关地球历史和地质作用的知识，从而实现地质公园科普的目的。因此，导游本身专业知识的提高是至关重要的，这也是地质公园导游与其他景区导游的重要区别之一。科普活动应寓教于乐，生硬的说教、枯燥的语言是不会得到游客的青睐的。

下面以陕西柞水溶洞国家地质公园的风洞导游词为例进行说明。

风洞是柞水溶洞群中规模较大的洞穴，也是一个厅堂和廊道间隔出现的溶洞。这里的地质遗迹十分奇特，有些地质遗迹景观跟我们以往见过的溶洞景观不一样，它的特殊性在于这个溶洞除了有岩石的化学沉积物，即石钟乳、石笋、石柱外，更主要的是保存着流水溶蚀后的残余石灰岩岩层，好比是“劫后余生”。这些残余的岩层被溶蚀成各种奇特的形态，形成特殊的观赏之美。用地质语言来说，以前我们到溶洞大多看的是沉积，今天我们要更多地关注原岩。可以了解岩石被溶蚀的全过程，有助于我们从另一个角度去认识岩溶的化学溶蚀作用。因此，这个风洞的科学性、典型性很强，在国内很稀有。参观这个溶洞与参观其他溶洞的感受不一样。

石灰岩是地壳中分布很广的沉积岩，它是由方解石(碳酸钙)结晶形成的岩石，是一种化学沉积岩，属于沉积岩大类中的碳酸盐岩。这类岩石在含有侵蚀性二氧化碳的可以流动的水的化学溶蚀作用下，其中的碳酸钙形成钙离子和碳酸根离子被流水带走，岩石逐渐被溶蚀，而这些钙离子和碳酸根离子在适合的地点再次沉积就形成石钟乳、石笋等。这是一个化学反应过程，在这个过程中，二氧化碳的作用很重要，只要有足够多的二氧化碳，这个反应就可以一直向着岩石被溶蚀的方向发展，这样，原来完整的石灰岩就被破坏，形成残余岩石。

这是一种特殊的岩溶景观——石板，很薄，厚度1～2厘米，但是面状铺开，大量的石板从岩层中很规则地插下来。石板很硬。其实这些石板的主要成分是二氧化硅。这些石板的展布和岩石的层面是垂直的,这是因为岩石中有一组垂直于层面的裂缝(地质上称为节理,是没有明显位移的断层),后期含有大量硅质成分的岩浆沿着这些相互平行的裂缝贯入然后冷凝,形成结晶不太好的二氧化硅。这些二氧化硅难溶于水,所以当周围、上下层面的碳酸盐被流水溶蚀掉之后,这些难溶的二氧化硅就被保留下来。因此,这些石板称为"硅板"。这在国内溶洞景观中具有独特性。

岩石表面有很多一道道的刀痕,随机排列,没有规律。虽然这些岩石也是碳酸盐岩,但是成分比较复杂、不均一,除碳酸钙外还有大量的碳酸镁,碳酸钙就是方解石,形成的岩石就是石灰岩,而碳酸镁就是白云石,形成的岩石就是白云岩。这里的岩石因为含有大量的白云石所以称为白云岩,碳酸镁的溶蚀性不如碳酸钙,由于溶蚀的差异,在一块石头上就会出现凡是碳酸镁多的地方溶蚀程度轻,碳酸钙集中的地方就溶蚀得厉害,表面会出现一条条溶蚀沟,在野外这种像刀子在石头上乱砍出沟槽的现象称为刀砍状痕迹,这是白云岩的特有特征,具有这种特征的石头就可以确定为白云岩。

第二节　地质公园的科普教育

地质公园虽然具有公园的一般特征,但是其特殊性是开展科普教育,这是国家建立地质公园的宗旨之一,对象主要是青少年和学生群体。地质公园在原有景观的基础上充分突出地学科普教育特色,方式上要做到景观美和地学科普教育相结合。

目前许多地质公园虽然有科普行动规划,也增添了大量的地质遗迹解说牌,但是从效果上看并不理想。原因有以下几点:一是公园管理者对公园地质遗迹知识了解较少;二是建设缺乏主动性、创新性,解说牌内容撰写枯燥、专业词语过多、文字生僻;三是教育方式单调,特别是博物馆科普教育以静态方式为主,难以吸引游客。

随着人们文化水平的提高和对公园信息了解的增多,个性化的旅游市场空间越来越大,地质公园推出以地学科普为主题的旅游项目使旅游的内涵得到充实和提高,将会逐渐受到游客的青睐。那种不注重地学科普教育的发展,对地质遗迹进行浅层旅游开发甚至破坏地质遗迹的方式是违背地质公园的建设宗旨的[6]。

另外,地质公园的科普教育还要改变人们认为地质公园专业化过强的误解,要增强地质公园对各个层面游客的吸引力。

一、科考科普游览是地质公园科普教育的主要形式

设计合理的科考科普游览路线对地质公园科普教育至关重要,主要包括以下三种。

一是科考游览路线。为便于专业工作者研究地质遗迹的发育过程、演化历史和社会人文历史，科考路线应串联大部分地质遗迹点，专供地学科研之用，兼顾探险旅游。例如，陕西延川黄河蛇曲国家地质公园的会峰寨—清水湾—牛尾寨黄土地貌及蛇曲科考路线，长3.2千米，包括秦晋大峡谷、黄土梁峁丘陵沟壑地貌景观、蚀余黄土丘陵峡谷地貌、侵蚀基准面、剪切节理、黄土深切峡谷、方山地貌；三叠纪纸坊组的垂直节理、互层、风蚀空洞、母子情深象形石；人文景观会峰寨遗址、清水关渡口、黄河古道、清水关古时防御的石砌残墙等。陕西汉中黎坪国家地质公园的石马山科考路线包括早古生界奥陶系、晚古生界石炭系、二叠系，岩溶峡谷及峰丛石芽群系列。

二是科普游览路线。科普路线应涵盖主要地质遗迹景观点，常与游览路线重合。这是公园最常见的游览路线，是在原有的游览路线中加入地质遗迹景观点的科学解说和成因解说。由于这种形式的游览路线寓教于乐，游客能够在游览中不知不觉的得到地质知识的熏陶，因而最被游客青睐。

三是与人文资源相结合的旅游路线。也称为综合性游览路线，如乾坤湾蛇曲及黄河文化路线，内容有乾坤湾蛇曲、黄河多级阶地、蛇石考察、小程民间艺术村、碾畔黄河原生态民俗文化博物馆、古城垣、伏义河码头、观看陕北秧歌、手工剪纸、听陕北信天游、陕北道情、转九曲等民间娱乐活动。科普科考路线与普通观光路线的相互对比与补充，进一步加深了游客的旅游体验。

二、乡土地理科普是地质公园科普教育的切入点

乡土地理可以作为开展科普教育的首要切入点，从乡土地理入手，然后逐渐普及更多的地学知识。陕西秦岭终南山世界地质公园在地学知识科普基础上，创新性地运用扩充解说系统，引入对秦岭山脉、秦岭72峪、秦岭大断层、秦岭北坡陡峭南坡和缓等问题的解说，以及古代诗人赞颂秦岭的诗词、终南山的隐士文化。这种宏观地质地貌和人文地理的介绍，对于加深当地游客对自身生活的地质地理环境的认知，培养乡土情怀，增强外地游客对旅游目的地地理的认识有重要意义。以此作为切入点作用明显。

地质公园科普夏令营(冬令营)活动，以当地县、乡中小学学生为主，与中学地理教学相结合，组织学生学习自然地理知识，活动之前教师拟定野外实习题目，学生分组根据安排路线进行活动，在地质公园讲解员的陪同下，老师带领学生参观游览。讲解员在典型地质遗迹点向各位同学讲解地学知识，回答学生问题，要求做好记录，回校后组织学生撰写科技小论文，让各位同学在大自然中欣赏美景的同时学习和体会地学知识的奥妙[7]。

三、重视解说系统科普教育的科学性和通俗性

地质公园要突出科学性的特色，在解说系统及其科普教育上也要尽量做到通

俗易懂。充分利用典型的地质遗迹来建设地质公园博物馆。使用现代科学技术演示地质遗迹的演化及形成过程，将复杂的地质现象转化为通俗易懂的科普教育内容，将深奥的地质现象转化为直观科普教育实物。不论何种类型的地质公园，在向游客解释地学知识时都应尽量通俗解说，如节理不如裂隙通俗，临空面不如残崖断壁易懂，同时编制反映自然遗产和地方历史文化的解说系统规划。除中文解说外，还应翻译成外文。在主要地质遗迹点设立与地质环境相协调的科普教育解说牌，并开发出旅游交互式自动查询系统。

四、面向不同层次人群的科普教育

（一）面向大学专业师生的教学实习活动

许多地质公园已经与相关地学和旅游专业共建实习基地。实习基地应对协议高校师生实习减免门票费用，主要目的是通过专业院校的实习，为高校提供优质的教学平台，向学生进行系统地学知识教育，扩大地质公园和地质遗迹社会知名度；同时地质公园可以与高校合作开展科研课题研究，以便地质遗迹科学价值得以充分发挥。

（二）面向大众游客的专项科普活动

大众游客群体数量大，是科普教育的主体人群，宜以寓教于乐为主，采取随机科普的方式。建立以弘扬科学、启智、提高审美和遗产保护意识为目的的游客服务中心，通过电子影像、宣传册、简易地质讲座，以及奖励、竞赛等多种方式，向游客宣传地质遗迹的重要价值，引导游客科学旅游，提高游客对地质遗迹的认知和欣赏水平。

大众游客虽不同于专业地学人员，但会有地学旅游爱好者，可以专门针对这些地学旅游爱好者举办不同主题的讨论会，请地学专家作指导，增强游客间的相互沟通与学习，举办地质地貌景观摄影展，征集游客所拍照片，通过游客参与评比，选出优胜者予以相关奖励，以提升这部分人群的科普教育体验。

五、地学旅游商品是地质公园科普教育的重要载体

（一）地学旅游商品的开发

地学旅游商品的开发和销售是地质公园进行特色地质遗迹宣传、介绍、推广的一种简洁有效的方式，同时，也为公园的经营带来收益。当然，一件极具特色的地学旅游商品，也会成为旅游者保存收藏的珍品，甚至是流动的地质公园宣传品，为此，地质公园地学旅游商品开发应做到以下几方面。

(1) 我国地质公园在开发地学旅游商品方面尚处于初期阶段。在管理者的观念上对此问题缺少足够的重视。因此,应该首先转变认识,更新观念,将此类商品的开发提高到作为宣传地质公园、开展地学科普知识宣传的重要阵地的高度。

(2) 立足于科研科普,从挖掘特色出发,开阔思维多方面开发商品。地质公园主要是保护地质遗迹,将科普融于旅游,因此地学旅游商品开发应以满足这个目的为宗旨。基于此认识,挖掘特色,根据地质遗迹的特点,选择能够宣传和普及该地质遗迹科学知识的商品,不仅仅着眼于物理性地质遗迹实体,而且要引申到展示资源所能够表达的意境和隐藏的含义,即意境性地质遗迹的开发。经常在地质公园地学旅游商品开发中,遇到地质遗迹保护和旅游商品开发矛盾的两难境地。其实,还是思维要开阔,认真深入研究后总会针对本公园开发出优质的地学旅游,例如,陕西洛川黄土国家地质公园,面对黄土,这里有完整典型的从早更新世到晚更新世的黄土剖面,可以在非黄土剖面的黄土分布区分别采集不同时代的黄土做成黄土剖面标本商品,首先为科研科普服务,这样的市场其实也是很大的,很多高校的实验室就需要这类商品。在陕西商南金丝峡国家地质公园,不能采集钟乳石开发旅游商品,但是这里有优质的泉水而且流量可观,完全可以在保证流量的基础上适当开发泉水资源。

(3) 地学旅游商品开发应在保护好地质遗迹的前提下有序推进。不能随意采集特殊的岩石或化石等珍贵标本作为商品。溶洞类地质公园的钟乳石。具有观赏性的岩石矿物、宝石等常常是游客青睐的旅游商品,但是这些又是公园主要保护和观赏的地质遗迹,因而不能随意采集。美国黄石国家公园、中国香港世界地质公园都有严禁将任何岩石带出公园的告示,更不可能开发成商品出售。当然,对于一般性的、数量大的岩石,也可以遴选出具有观赏性的岩石碎块作为商品。例如,美国拉什莫尔山国家纪念公园的游客中心出售小粒的彩色砾石(图 9.4),它们就是公园火山活动的产物。

图 9.4　彩色砾石(美国拉什莫尔山国家纪念公园)

（二）地学旅游商品的种类

地学旅游商品分为实物地学旅游商品和形象地学旅游商品两种。

（1）实物地学旅游商品。前面提到的洛川黄土地层系列标本，宝石类、特殊结构构造的岩石类均属于此类，这类标本商品常作为专业人士收藏的精品，我国许多地质博物馆常将这些收藏者的标本展出。也有像矿泉水、钟乳石（水锈石）、火山石、石印章、青石砚台等商品出售。

（2）形象地学旅游商品。这类商品看似与地质无关，实则是由地质遗迹特征引申而来，例如，地质公园作为宣传常将地质遗迹景观印在背心、T 恤、帽子、扇子等服饰和日常用品上，游客购买既实用又有纪念性；也可以独出心裁地将公园餐馆的菜肴名称与地质遗迹景观相结合，设计出新颖的地质寓意浓郁的菜肴，如"山崩奇观"这道菜，实际上是由随意摆放的豆腐块（形似崩石）伴以调料酱汁做成。中国香港世界地质公园的餐饮商家积极参与地质美食推广活动，举办"香港世界地质公园美食大赏"，由区内 11 家参赛餐馆设计多款以地质为主题的中西菜式，别具创意，使美食在色香味美之余更添意义（图 9.5）。它们都成为扩大地质公园影响力和吸引游客的流动宣传体。地学旅游商品种类并非仅限于实体地质遗迹，随着地质遗迹限制地开发利用，更多的地质遗迹需要通过这种间接的商品种类进入游客的视野，它们会更加适合一般游客的心理需求。关键是要有创意，找出适合公园自身的地学旅游商品。

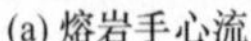

(a) 熔岩手心流　　(b) 六角岩柱

图 9.5　形象地学旅游商品

第三节　智慧地质公园建设

一、智慧地质公园的概念及建设意义

智慧地质公园是由感知层、网络层、应用基础层、数据交换平台、软件基础构件层、应用系统层等组成的，综合运用3S(3S是遥感(remote sensing，RS)、地理信息系统(geographic information system，GIS)和全球定位系统(global positioning system，GPS)的统称)、多媒体、大规模存储以及虚拟仿真等技术，并通过信息资源的整合以及深度开发和利用，为公园规划、地质遗迹保护、地质灾害防治和预警、地质公园建设和管理提供决策与服务功能的开放的综合信息系统。也可以说，智慧地质公园是一个由空间化、网络化、智能化和可视化的技术系统支撑的信息化景区。利用智慧地质公园系统，地质公园能够通过智能网络对公园地质遗迹、地质灾害频发度、旅游者行为、地质公园工作人员行迹、公园基础设施和服务设施进行全面、透彻、及时的感知；对游客、地质公园工作人员实现可视化管理；优化再造地质公园业务流程，实施智能化运营管理；同旅游产业上下游企业形成战略联盟，有效保护遗产资源的真实性和完整性，提高对旅游者的服务质量。

智慧地质公园建设作为旅游信息化建设的重要组成部分，得到越来越多的重视。近年来，为了提高管理水平，我国各景区都在进行“智慧景区”建设[8]。目前，我国许多地质公园已经开展了数字化建设，如陕西商南金丝峡国家地质公园就已经建立了较为完善的数字化管理系统。

智慧地质公园面临巨大的发展机遇。目前，支撑智慧地质公园建设的技术逐渐成熟和完善，有关政策环境日益优化，打造智慧地质公园的时机已经到来[9]。云计算、物联网/泛在网、移动通信/移动互联网是建设智慧地质公园的必要条件，现在这些条件已经具备，智慧地质公园进入建设阶段，国内不少地方正在或准备建设云计算中心。4G、5G网络的推出，极大地推动了移动互联网的发展，使人们随时随地可以上网，不受场地和时间的限制。

《国家中长期科学和技术发展规划纲要(2006—2020年)》第三部分(重点领域及其优先主题)中第7点(信息产业及现代服务业)提到的优先主题：重点研究开发金融、物流、网络教育、传媒、医疗、旅游、电子政务和电子商务等现代服务业领域发展所需的高可信网络软件平台及大型应用支撑软件、中间件、嵌入式软件、网格计算平台与基础设施，软件系统集成等关键技术，提供整体解决方案。从政策层面上把旅游和云计算(网格计算)结合起来，作为信息产业优先发展的主题，也说明了基于云计算技术的旅游信息平台是智慧地质公园建设的基础。

2009年，国务院出台了《关于加快发展旅游业的意见》，第五条提出建立健全旅游信息服务平台,促进旅游信息资源共享;第十条提出以信息化为主要途径,提高旅游服务效率。积极开展旅游在线服务、网络营销、网络预订和网上支付,充分利用社会资源构建旅游数据中心、呼叫中心,全面提升旅游企业、景区和重点旅游城市的旅游信息化服务水平。说明旅游信息服务政策的出台已经提上议事日程,尤其是要建立一个能共享旅游信息的大型平台。

二、智慧地质公园建设的内容

广义的智慧地质公园是指科学管理理论同现代信息技术高度集成,实现人与自然和谐发展的低碳智能运营地质公园。这样的地质公园能够更有效地保护生态环境,为游客提供更优质的服务,为社会创造更大的价值。狭义的智慧地质公园是地质公园的完善和升级,指能够实现可视化管理和智能化运营,对环境、社会、经济三大方面进行更透彻的感知,更广泛的互联互通和更智能化的地质公园。狭义的智慧地质公园强调技术因素,广义的智慧地质公园不仅强调技术因素,还强调管理因素。

广义的智慧地质公园主要包括:通过物联网对公园全面、透彻、及时地感知;对公园实现可视化管理;利用科学管理理论和现代信息技术完善公园的组织机构,优化地质公园业务流程。主要体现在以下三个方面。

(一) 旅游服务的智慧

智慧地质公园从游客出发,通过信息技术提升旅游体验和旅游品质。游客在旅游信息获取、旅游计划决策、旅游产品预订支付、享受旅游和回顾评价旅游的整个过程中都能感受到智慧地质公园带来的全新服务体验。

智慧地质公园通过科学的信息组织和呈现形式让游客方便快捷地获取旅游信息,帮助游客更好地安排旅游计划并形成旅游决策。

智慧地质公园通过物联网、无线技术、定位和监控技术,实现信息的传递和实时交换,让游客的旅游过程更顺畅,提升旅游的舒适度和满意度,为游客带来更好的旅游安全保障和旅游品质保障。

智慧地质公园还将推动传统旅游消费方式向现代旅游消费方式转变,并引导游客产生新的旅游习惯,创造新的旅游文化。

(二) 旅游管理的智慧

智慧地质公园将实现传统旅游管理方式向现代管理方式的转变。通过信息技术,可以及时准确地掌握游客的旅游活动信息和旅游企业的经营信息,实现旅游行业监管从传统的被动处理、事后管理向过程管理、实时管理转变[10]。

智慧地质公园将通过与公安、交通、工商、卫生、质检等部门形成信息共享和协作联动,结合旅游信息数据形成旅游预测预警机制,提高应急管理能力,保障旅游安全。实现对旅游投诉以及旅游质量问题的有效处理,维护旅游市场秩序。

智慧地质公园依托信息技术,主动获取游客信息,形成游客数据积累和分析体系,全面了解游客的需求变化、意见建议以及旅游企业的相关信息,实现科学决策和科学管理。

智慧地质公园还鼓励和支持旅游企业广泛运用信息技术,改善经营流程,提高管理水平,提升产品和服务竞争力,增强游客、旅游资源、旅游企业和旅游主管部门之间的互动,高效整合旅游资源,推动旅游产业整体发展。

(三) 旅游营销的智慧

智慧地质公园通过旅游舆情监控和数据分析,挖掘旅游热点和游客兴趣点,引导旅游企业策划相应的旅游产品,制定相应的营销主题,从而推动旅游行业的产品创新和营销创新。

通过智慧地质公园建设量化分析和判断营销渠道,帮助决策者进行决策,筛选效果明显,可以据此保留长期合作的地质公园营销渠道。

智慧地质公园还可以充分利用新媒体传播特性,吸引游客主动参与旅游的传播和营销,并通过积累游客数据和旅游产品消费数据,逐步形成自媒体营销平台。

三、智慧地质公园系统的总体构成

建设智慧地质公园系统首先要构建数据中心,沟通服务端和使用端,因此它包括三个大的部分:数据中心、服务端、使用端。

三个部分通过互联网/物联网相互联系。数据中心由大量存储有各类旅游信息的服务器组成,有专门的机构负责数据的维护和更新。服务端是直接或间接为旅游者提供服务的企事业单位或个人,如政府管理部门、咨询机构、旅游企业等。使用端为广大的旅游者,拥有能够上网的终端设备,尤其是超便携上网终端(如平板电脑和智能手机)[11]。

数据中心是智慧地质公园的云端,可以称为旅游云,其作用是将服务端和使用端联系起来。海量的旅游信息处理、查询等计算问题由数据中心自动完成,这就是智慧地质公园中的云计算。服务端将各类信息及时放在数据中心。使用端根据自己的要求,从数据中心提取信息,需要服务时可以与服务端进行交互,使用端可以直接向服务端付费(网上银行、现场付费),也可以通过数据中心付费(类似于支付宝)。

通过使用端软件平台,智慧地质公园中的旅游信息以主动弹出的方式出现,配以网络地图,能够让旅游者知道这些旅游服务在什么地方可以得到,距离自己多远,甚至知道某个酒店还有多少房间,某个景点需要排队多长时间。这样不会遗失某些旅游信息和服务(如景点、旅游活动、某个人等),也不会使游客由于信息不全而采取不恰当的行为(如走错路、排错队)。在多点触控的超便携终端(如智能手机、平板电脑)上,轻点手指即可展开详细信息。主动显示旅游信息摆脱了输入关键词查询的不便之处,尤其是有许多旅游信息在你身边时,可能无法一一查询这些信息。

四、智慧地质公园建设的原则

智慧地质公园建设是一个复杂的系统工程,地质公园应结合自身的特点进行建设,既要因地制宜,又要兼顾大局,统一标准,规范建设。为实现全行业管理和旅游资源的有效整合,形成管理合力和规模效应,在建设过程中,应共同遵循以下建设原则。

(一) 总体部署,分步实施

地质公园要按照总体部署,做好智慧地质公园建设总体方案编制工作,根据地质公园实际情况制定近期和远期建设目标,分阶段逐步实施,确保智慧地质公园建设取得成效。

(二) 统一标准,保障共享

智慧地质公园重点建设项目,要按照统一标准,实施规范建设,确保实现行业管理的信息共享。

(三) 整合资源,集约发展

智慧地质公园涉及全行业资源的整合,需要统一协调和组织建设,打造行业品牌,形成管理合力,实现规模效应。

(四) 突出重点,先急后缓

地质公园要根据自身实际情况,制定切实可行的智慧地质公园建设总体方案。按照突出重点、先急后缓的原则,优先建设地质公园资源保护和经营管理需求迫切、投资小见效快的重点建设项目。

(五) 实用可靠,适度先进

系统建设要注重实效,在技术选型方面要注意选择技术成熟度好、实用可靠并适度先进的技术,避免盲目引进不成熟的新技术,造成建设资金浪费。

（六）创新机制，市场运作

智慧地质公园建设要注重产业化经营管理机制的创新，借鉴国际先进理念，引入市场运作机制，促进资源保护与旅游服务产业的良性互动和协调发展。

五、智慧地质公园系统的总体架构

智慧地质公园建设内容概括起来可以分为两个层面和两个中心的建设，即基础层、应用层和指挥调度中心、数据中心。

基础层包括通信网络设施、信息安全保障、物联网软硬件系统、视频系统、数据中心等。其中物联网硬件包括各种传感设备（射频传感器、位置传感器、能耗传感器、速度传感器、热敏传感器、湿敏传感器、气敏传感器、生物传感器等），这些设备嵌入地质公园的物体和各种设施中，并与互联网连接。

应用层包括面向各职能部门的应用信息系统，即以加强地质遗迹保护管理为目的建设的地质遗迹监测系统、环境监测系统、生物及文物资源监测系统、规划监测系统等；面向日常经营管理的办公自动化（office automation，OA）系统、规划管理信息系统、GPS、视频监控系统、电子门票系统，发光二极管（light emitting diode，LED）大屏幕信息发布系统等；面向产业发展的电子商务系统、旅行社和酒店管理系统、客户关系管理系统等；面向游客服务的信息呈现和互动系统[12]。

指挥调度中心实现管理资源的整合，以及对各职能部门的统一组织协调，是最重要的核心平台，它整合各应用支撑系统，实现资源监测、运营管理、游客服务、产业整合等功能。指挥调度中心主要包括：

(1) 地理信息系统。地理信息系统同时将多媒体技术、数字图像处理技术、网络远程传输技术、定位导航技术和遥感技术有机地整合到一个平台上。

(2) 旅游电子商务平台和电子票务系统。电子票务系统实现手机微信购票、公园官网购票、第三方在线旅行社（online travel agency，OTA）旅游电子商务平台购票、自助机购票等多渠道的购票方式，并支持微信、支付宝等多种移动支付方式，可为公园扩大客源，提高售票速度，节省人力成本，减少财务漏洞，同时电子票务系统还是数据中心重要的基础数据来源之一。

(3) 高峰期游客分流系统。高峰期游客分流系统可以均衡游客分布，缓解交通拥堵，减少环境压力，确保游客的游览质量。景区可以通过预定分流、票务分流和交通工具实现三级分流，这其中要采用射频识别（radio frequency identification，RFID）、GPS、北斗导航等技术实时感知游客的分布、交通工具的位置和各景点游客容量，并借助分流调度模型对游客进行实时分流。

数据中心。实现对各业务系统数据的集中管理和共享服务，包括 GIS 数据、GPS 数据、多媒体数据、游客数据、产业链商家数据，以及其他综合业务信息数据。

其他配套系统。其他配套系统包括规划管理系统、资源管理系统、环境监测系统、智能监控系统、LED大屏幕信息发布系统、多媒体展示系统、网络营销系统等。

整体系统分为基础设施层(系统所需的基础设备、系统、中间件等)、资源层(实现具体功能的各种数据与信息库)、应用支撑层(对所有应用系统提供各种数据访问功能的中心服务系统)、应用系统层(实现具体功能的各种应用系统)。

资源层提供集中的数据访问,包括数据库连接池控制、数据库安全控制和数据库系统。集中的数据访问能够在大量用户同时并发访问时共享有关连接等信息,从而提高效率。集中的数据库安全控制使任何来自互联网的数据库访问都必须经过强制的安全管理,不允许直接访问数据库,以杜绝安全隐患。

应用支撑层通过提供统一的数据服务接口,为各个应用系统提供服务,应用系统可以是网站、客户端系统、Web 服务以及其他应用。并通过目录提供统一的负载均衡服务。任何一个应用服务器都可以同时启动多个服务,通过目录与负载均衡服务进行负载均衡,从而为大量用户并发访问提供高性能服务。智慧地质公园系统应用服务器提供核心智慧地质公园系统服务,包括数据服务、管理服务、基本安全服务、其他业务服务等;数据同步服务器将数据有条不紊地同步到各个数据库;系统更新与版本升级服务器提供各个系统的版本升级管理,使任何一个系统都保持最新版本;Web 日志分析服务提供用户访问分析,提高网站后期修改、维护、更新的针对性。

智慧地质公园系统网络设计采用应用数据、内部服务与外部服务分离的原则,系统的网站服务器、商务系统 WWW 服务器部署在防火墙的隔离区(DMZ),数据库服务器、政务网应用服务器、内部办公服务器等部署在防火墙的非军事区,严格设计访问规则,并配备入侵检测系统,以确保系统的安全。

智慧地质公园系统是集有关旅游信息的收集、加工、发布、交流以及实现旅游的网上交易和服务全程网络化为一体的综合性、多功能网络系统。参与各方为政府主管部门、旅游企业(宾馆、酒店、旅行社、餐馆酒楼、娱乐场所、景点公司、票务公司、租车公司等)、游客(网站会员、访客、旅游客户)、银行和其他机构及个人。

系统采用 Internet/Intranet 的浏览器/服务器(B/S)模式,服务器端采用开放系统平台,便于扩充。整个系统以数据中心为信息交换平台,以 Internet 为数据传输通道,政府各有关部门、旅游企业、游客、银行通过专线或拨号上网与系统中心互联,实现网上数据查询、预订、购物、交易、结算、消费等活动[13]。

网络中心配备若干台高性能服务器,实行应用和数据分离的原则,加强系统运行的稳定性和安全性。服务器采用先进流行平台,保证先进性和可维护性,后台采用国际品牌数据库系统(如 Oracle),前后台开发工具采用 J2EE 等,服务器上运行电子商务套件以支持电子交易,安装 Web 服务软件向用户提供信息浏览、查询等服务。

六、智慧地质公园系统重点建设项目

智慧地质公园建设是一个复杂的系统工程，既需要利用现代信息技术，又需要将信息技术同科学的管理理论集成。智慧地质公园建设是对地质公园硬实力和软实力的全面提升，其建设路径主要由信息化建设、学习型组织创建、业务流程优化、战略联盟创建和危机管理构成。信息化建设和业务流程优化能够帮助地质公园实现更透彻的感知和更广泛的互联互通，提高管理的效率和游客满意度；创建学习型组织和战略联盟有利于提高地质公园管理团队的创新能力，培养地质公园企业的核心竞争力；危机管理可以提高地质公园的危机响应能力，降低危机发生的概率和减少危机造成的损失。

智慧地质公园建设工作中信息化建设为重中之重，要重点做好规划管理、资源保护、经营管理、服务宣传、基础数据五个方面的信息化建设。

（一）地质公园监督管理决策平台及管理平台

为实现管理和服务深度智能化，地质公园需要搭建监督管理综合决策平台。该平台建立在信息管理平台和众多业务系统之上。能够覆盖数据管理、共享、分析和预测等信息处理环节，为地质公园管理层进行重大决策提供服务。该平台还应将物联网与互联网充分整合起来，使地质公园管理高层可以在指挥中心、办公室或通过智能手机全面、及时、多维度地掌握地质公园实时情况，并能及时进行决策，以实现地质公园可视化、智能化管理。

通过管理平台，对地质公园资源集中进行宣传推广，利用规模效应，扩大宣传，为地质公园电子商务服务提供载体，实现行业资源的有效整合及信息共享。

（二）视频监控系统

地质公园因其自身资源特点，安全保障工作是地质公园管理工作的重中之重。视频监控系统可对重要地质遗迹景点、客流集中地段、事故多发地段、地质灾害多发地段等实时监控，为疏导游客、预防灾害、制定应急预案和指挥调度提供即时决策依据，是实现地质公园安防、保障游客安全的有效技术手段。

（三）电子商务与票务系统

发展地质公园电子商务，实现门票、酒店等相关旅游产品的网上预售，有利于促进地方旅游资源的有效整合，提高经济效益；通过网上预售实现地质公园客流量预报，一方面为地质公园管理机构合理安排相关资源提供依据，另一方面对游客选择旅游线路和行程安排起到预先分流作用，从而减少管理资源的盲目投入，提高管理水平和服务质量，降低经营成本，支持科学管理与决策。票务系统建设可有效杜绝假票，减少经济损失，并实现对地质公园客流量的有效监测，减轻生态环境压力，对于促进地质公园的资源保护与旅游产业协调发展有深远意义。

（四）LED大屏幕信息发布系统

建立LED大屏幕信息发布系统，面向游客提供地质公园资源推介、旅游资讯服务和公益宣传，提高服务质量，加强全行业旅游宣传力度，逐步实现地质公园客源和旅游信息的最大化共享。

（五）基础数据建设

基础数据是智慧地质公园建设必不可少的重要资料。因此要加强基础数据建设工作，包括地质遗迹点登录更新、科研成果更新、地图更新、标准化数据建设、数字化模型库建设等。

（六）绩效评估

智慧地质公园建设将有利于优化旅游环境，提高各景区管理服务水平，确保旅游生态效益、经济效益和社会效益三者之间的统筹协调发展。

智慧地质公园建设将极大地丰富地质公园的管理手段和营销手段，为现代新旅游、新传播、新市场、新模式提供高科技服务，并将游戏性的吸引力和亲和力融为一体，将生态环境容量、景区安全领域优化整合，使其成为一种新的科技旅游，提升景区的品牌形象和社会形象[14]。

智慧地质公园有助于提升地质公园的核心吸引力和亲和力，旅游的智慧化建设成果代表着现实社会中高级社会行为单元发展进步的水平，反映并代表着优秀文化与科技成果的水准。

地质公园的智慧化还可以使管理部门实时了解地质公园的生态状况，包括植被、水文、大气、生物等自然资源的变化情况，从而进行相应的决策管理，使地质公园的生态环境得到持续的保护和发展。

七、数字地质公园建设问题

作者对我国一些数字地质公园及其他风景名胜区观察和调研发现，这些公园或景区的信息化建设仍存在以下问题：缺少对网络、计算、存储、通信、安全、管理等层面统筹的规划，没有建立统一的软硬件运行平台；一些地质公园常把单个的业务系统作为独立的项目来建设，数据无法融合互通，应用系统无法互联，更谈不上支撑上层决策和分析的需求；更为突出的是一些公园缺乏“数字”转化为“创意”的专业性人才和实践效果，从而使公园只看到“数字”，缺少赋予“数字化”基础之上的创意要素、人文要素和能动要素等，目前这种现象不仅具有典型性，而且具有普遍性。

这种只有“数字”，缺少“创意”建设的信息化公园，仅仅停留在工具层面，将不能更好地适应信息时代地质公园转型的需求，这种信息技术系统只能作为一种地质公园信息化发展手段，难以解决公园战略发展的难题，地质公园需要通过信息化建设展示智慧旅游。

八、基于网络的地质公园品牌效应提升研究

近年来随着市场经济的发展，人们对旅游的需求不断提升，加之素质教育的大力推行，地质公园作为一种集旅游与科普为一体的特殊旅游消费资源，其品牌效应也逐渐渗透到消费者的消费意识中，并且产生了很大的影响力。在网络经济时代，随着互联网市场的扩大，竞争加剧，消费者需求也在发生变化，网络品牌逐渐被大家所认知和接受，并由此来选择自己需要的消费产品。同样，地质公园作为一种“产品”，也需要开发和建设自己的网络品牌。

（一）地质公园的品牌内涵

1. 地质公园品牌的概念

品牌(brand)一词比较确切的定义是1960年美国市场营销协会在其出版的《营销术语词典》中提出的，将其应用到地质公园中可以描述为：用名称、符号、标识和其他图形系统来识别和区分不同的地质公园。利用Baker对旅游目的地的品牌定义，地质公园品牌是游客对地质公园提供的相关旅游资源与地学科普知识的总体感知。

地质公园品牌是旅游消费市场和地质公园面对的群体发展到一定阶段的产物，最初的品牌使用是为了使地质公园便于认知，当其发展起来后，将为地质公园的管理者带来巨大的经济效益和社会效益，并对地质公园的可持续发展和保护产生深远的影响。在当前品牌先导的商业模式中，品牌意味着地质公园的经营模式、消费族群、利润回报和可持续发展。树立地质公园品牌需要管理者具有很强的资源整合能力，将地质公园本质的一面通过品牌展示给世人。

2. 地质公园网络品牌建设的必要性与可行性分析

21世纪是网络的时代，计算机与网络的发展，创造出网络时代的空间与社会形式，改变了旅游者与目的地的信息获取渠道和获取知识的途径。全球资讯网络正在悄然改变着传统的信息获取途径和宣传方式，地质公园作为一种地学景观，在其展示自身的地质学、考古学、生态学、美学、旅游学、社会经济学和文化价值等的途径方面与网络相融合是必然之路。

传统的地质公园品牌就是游客对地质公园提供的相关旅游资源与地学科普知识总体的感知。而地质公园的网络品牌则是地质公园通过其在网络上建立的信息、资讯等在游客心目中树立的该地质公园的形象。

3. 游客群体的变化

根据中国互联网信息中心发布的第43次《中国互联网络发展状况统计报告》(图9.6),截至2018年12月,10～39岁群体占整体网民的67.8%,其中20～29岁年龄段的网民占比最高,达26.8%;40～49岁网民占比由2017年底的13.2%扩大至15.6%,50岁及50岁以上的网民比例由2017年底的10.4%提升至12.5%。理论上他们都是地质公园的受众,频繁的网上活动也会影响他们对地质公园的选择决策。地质公园建立网络品牌将会对年轻人产生巨大影响,也符合建立地质公园的初衷。

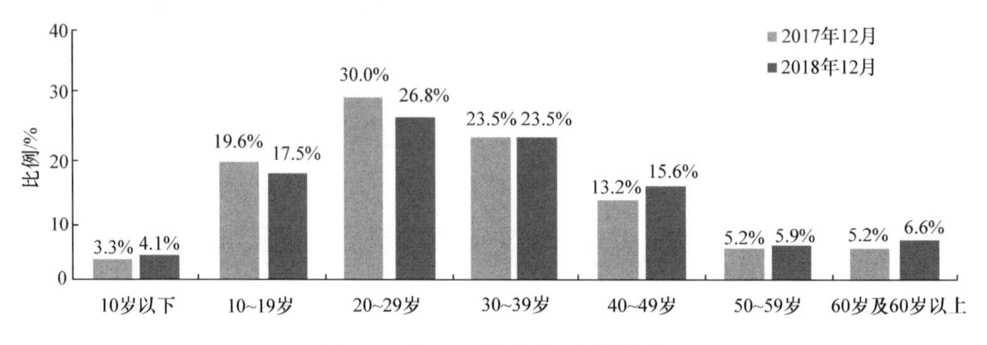

图9.6　中国互联网网民年龄分布

同时地质公园网络品牌目标客源的定位要以地质公园目前的客源分布现状和潜在的客源开发战略为基础。新西兰为了更好地拓展中国、日本、韩国等亚洲市场,在其官方旅游网站上开设中国版、日本版和韩国版的网站接口,来促进新西兰旅游网络品牌的国际化拓展。借鉴此经验,我们可以根据目前客源的分布现状,以地质公园客源拓展区域为基础,结合网络品牌目标客源的基本特征开展工作。

4. 网络对于品牌形象树立的优势

地质公园开展网络品牌建设,不仅是网络经济发展的需要,也是地质公园网络建设的需要。由于地质公园的体验性和心理价值差异性的特征,旅游消费者所关注的不是地质公园之间的价值(门票)差异,而是体验地质公园地质遗迹带来的心理差异和满足个性需求的程度,地质公园作为一种旅游资源在网上竞争的实质是资源特征如科学性、稀有性、自然性和观赏性等信息和服务质量的竞争,品牌在这样的竞争中充当着核心角色。

(二) 地质公园网络建设的必要性

在网络环境下,地质公园也必须重视网络品牌的建设,其意义表现在以下几点。

1. 脱离时间与空间的限制扩大认知的群体

人们在任何时刻，在全球的任何一个角落，都可以访问地质公园的网站，浏览网站的内容。全天候的特征决定了网络能够适合不同层次、不同生活和工作习惯的群体，同时也拓宽了地质公园作为一种科普资源的有效学习空间。

2. 多媒体、虚拟化的使用进一步拉近距离

运用网络的多媒体技术及虚拟化技术进一步缩短游客与地质公园之间的距离，在没有时间和空间的限制下，使得地质公园与游客间关系更为紧密，不管是地质公园的某个景点还是有关地学科普知识，皆可做到无距离，让地质公园真正成为一座“没有墙的科普展览馆”。但是，在网络时代地质公园迅猛发展的同时，网络的发展是否将替代真正意义上的游客市场？回答是否定的。因为人们参观地质公园的最终意愿，是希望由自己的感观证实在网络上所接触或学习的经验，所以会自然地将游览地质公园分为虚拟与实际两种体验。虚拟参观不分国界，而实际参观受限于自身所在的地理空间。地质公园应当根据网络的特性发展其多元的功能，网络不会取代现实，因为两者的体验是截然不同的，而且地质公园网络资源的建设是开拓现实地质公园潜在游客的渠道，更是树立其品牌的一种很好的途径。通过调查与统计，在互联网上地质公园的宣传视频已经很容易下载到，而且部分地质公园建立了自己的网站，通过网络可在线点播，对地质公园起到了很好的宣传作用。

3. 网络的互动性进一步加强了对品牌的有效认识

通过网络获取的不仅仅是信息，游客可以拥有更大的选择自由和参与机会，访问者可以直接在网站上留言、发表意见、提出建议和要求，还可以与地质公园的管理者进行直接的交流。互动性有助于吸引访问者重复浏览企业的网站，提高访问者的个人体验和满足感，并提高对该地质公园的满意度，逐步培养访问者对该地质公园品牌的忠诚度。

（三）地质公园网络品牌的建设

1. 地质公园网络品牌建设现状

我国地质公园都已经建设了网站，形成对外宣传的窗口，部分网站内容全面，图片精美、链接甚多，具有与游客互动、网上购票、线上查询、答疑解惑等板块。但是，就全国而言，地质公园网络作为新生事物，尚有许多问题值得重视。

为了解地质公园网络品牌建设的情况，下面以陕西翠华山国家地质公园为例，在互联网上对翠华山旅游景区进行调查，在分析、总结调查结果的基础上了解其建设现状。2008 年 4～8 月，对进入陕西翠华山国家地质公园的游客进行抽样调查（表 9.1），问卷中将游客使用网上旅游信息的特点作为整体调查中的一部分。本次抽样调查共发放问卷 100 份，收回 96 份，回收率为 96%。其中有效问卷 92 份，有效率 95.8%，被访者中从亲戚、朋友和同事那里了解地质公园旅游景点的，占

24%，通过互联网了解的占31%。调查结果显示，陕西翠华山国家地质公园官方网站中的形象演示系统建设总体较好，网站体现出了陕西翠华山国家地质公园和国家AAAA级旅游景区的网络品牌的价值，但是网络品牌意识薄弱，不重视访问者的体验，没能很好地利用网络消费者的虚拟体验来建设网络品牌。

表9.1 陕西翠华山国家地质公园网站设计要素评价

一级要素	二级要素	有/无	备注
形象展示系统	VI标识	有	VI标识、地质公园标识、AAAA级旅游景区标识
	形象口号	有	比较多，而且还赋予了许多文化内涵
	景区介绍展示	有	有图文介绍
	服务设施展示	有	有图文介绍
	服务信息	有	比较详细
	管理机构信息	有	比较详细
	多语言版本	有	暂时只开通了英文版本网站
网络支持系统	多媒体信息	有	图文信息居多，多媒体信息较少
	会员制	无	没有实行会员制
	友情链接	有	链接与地质公园相关性不大
	网络商务	无	处于发展初期阶段，尚未开展电子商务业务
科普宣传系统	交互栏目	有	以论坛方式展现，但是缺乏管理和维护，无效信息居多，甚至造成负面影响
	科研教学	无	实际中有此类资源，但是没有在网络中展示，如实习基地、山崩研究会等
	科普宣传	有	有比较丰富的与陕西翠华山国家地质公园相关的科普介绍，而且还增加了网络征集宣传口号等栏目

2. 地质公园网络品牌建设存在的问题

在分析地质公园官方网站建设现状的基础上，以陕西翠华山国家地质公园网络品牌建设为例，具体分析如下。

1）网络品牌意识薄弱

陕西翠华山国家地质公园网站功能定位在地质公园各要素信息的展示和形象演示系统要素的建设中，虽然加入了网络品牌的标识，但没有使用网站的使用帮助和说明来帮助访问者了解和认识其网络品牌的价值。网站访问者由于不能明确网络品牌的价值，导致其浏览网站活动的平均时间较短，缺乏体验感。

网络品牌具有全球性的特征，陕西翠华山国家地质公园已经建立了英文版的网站，韩文和日文网站还在建设中，这对于陕西翠华山国家地质公园扩大对外影响力、争取国外游客产生了比较积极的影响。从陕西翠华山国家地质公园网站建设现状上看，已经开始通过网络来进行展示和宣传，并且通过网络征集景区口号，吸引了一定数量的游客，但由于网站中交互栏目管理混乱，对网络形象和品牌的提升产生了负面效应。

2）网络技术、多媒体技术的运用不够

作为旅游资源，通过网络可以展示十分丰富的内容，网络的发展已可以使用声音、图像、视频等多种要素。陕西翠华山国家地质公园网站虽然已经增加了视频、音频等多媒体资料，但是没有将其最精华的部分展现出来，而且近几年发展起来的虚拟现实技术还没有应用到其中，让游客缺乏体验感，以后应借鉴数字博物馆的发展特色来建立网络品牌形象体系。

3）缺乏对网站的宣传和推广力度

对于一个精心打造的官方旅游网站，只吸引偶尔进入的访问者是无法发挥其强大的传播作用的，更不利于网络品牌的建设。应该采用多种宣传手段，使网站域名及其为访问者带来的价值和利益能得到良好的宣传与推广。目前陕西翠华山国家地质公园的旅游宣传册、杂志、报纸等传统媒体均没有对其官方旅游网站进行较全面的宣传。从官方网站的反向链接数目来看，宣传的力度还不够，应与其他相关地质公园网站、国家 AAAA 级旅游景区网站以及旅行社官方网站开展营销合作，进一步扩大其在互联网上的知名度。

3. 地质公园网络品牌建设及延伸

1）统一品牌形象，增强旅游者对品牌的信任感

建立统一的地质公园形象才能形成网络品牌，由于传统媒介在地质公园形象宣传与推广方面的局限性，使其在旅游者中形成了水平不一的旅游形象，不利于地质公园品牌建设与推广。利用互联网通过多种手段和途径综合而完整地展示地质公园的信息，在网络交互技术支持下，能使旅游者与地质公园实现实时、交互式沟通，增强旅游者对地质公园品牌的信任感。

2）完善品牌形象，挖掘潜在客源市场

根据第 43 次《中国互联网络发展状况统计报告》，20～39 岁群体是互联网市场的主体，同时中老年网民数量不断提升，几年内互联网网民的主体将持续向高龄人群渗透，网民数量不断扩大，使得提升地质公园网络品牌效应为未来赢得更大的市场份额奠定了良好的基础。

地质公园网络品牌拓展了地质公园品牌战略的空间范围，使其从现实空间拓展到虚拟空间，为地质公园品牌战略提出了新的发展视角，需整合现实品牌和网络品牌，建立现实和虚拟的竞争优势，共同促进地质公园旅游产业的发展。

地质公园网络品牌以访问者为基础，能给访问者带来价值。以访问者为中心，奉行“顾客至上”，这是重要的网络品牌规则，这个规则的核心要义就是为顾客提供

最有价值的信息和服务。这样才能获得互联网上的竞争优势，促使虚拟的旅游者成为地质公园现实的客源，促进地质公园发展。

对于旅游这种经历型的产品，顾客购买前都要了解相关产品信息，这些搜索到的信息会在游客心目中形成一种有关地质公园的形象或“精神原形”。由于旅游服务的无形性，地质公园的形象可能更重要。这种形象通常基于地质公园特征、游客的推理或预期、象征性的含义、游客的心理特征而形成，这种形象能否被旅游者接受和认可，将会影响地质公园在旅游者心目中的地位，以及最终是否选择该地质公园的行为。

3）完善网络服务，发展地质公园电子旅游商务

地质公园官方网站应汇集本地质公园的地学知识，并在传播相关地学科普知识的同时对景点、饭店、交通旅游线路等方面进行详细的介绍，如介绍旅游常识、旅游注意事项、旅游新闻、货币兑换、旅游目的地天气、环境、人文等信息以及旅游观感等。

随着社会信息化水平的提高和旅游者行为的变化以及地质公园旅游的蓬勃发展，使得地质公园官方网站的市场营销功能日益显著，逐渐成为自身形象展示和旅游信息交流的平台，以及地质公园开展旅游地营销的主体。地质公园信息化进程的加快使地质公园与其他景区之间、地质公园与地质公园之间的竞争从现实拓展到互联网中。地质公园应该树立品牌意识，利用传统品牌和网络品牌建设中积累的成熟理论和丰富经验为基础，开展网络品牌建设，利用整合的品牌战略视角多角度地增强地质公园的核心竞争力，促进地质公园旅游的发展。

第四节　地质公园的地质遗迹资源共享

一、共享型地质遗迹

我国疆域辽阔，自然生态环境、地质地貌条件复杂多样，常会出现一些同类型地质遗迹跨越不同行政区界分布的现象，有的是位于同一省区以内的两县甚至是多县交界处，有的则是位于相邻的不同省份交界处。因此会出现因地质遗迹开发所带来的利益分割问题从而引发一系列矛盾和争议。那么，对于这些隶属于不同行政单元、地理位置特殊的地质遗迹来说，如何平衡各方权益，在进行地质遗迹有效保护的前提下，共享地质遗迹开发带来的收益，就成为资源拥有各方需要认真加以解决的问题和关键。这就是共享型地质遗迹概念。这种属于不同行政区划的同一地质遗迹在旅游开发及管理的过程中应依照“环境共保、资源共享、品牌共创、利益共分”的理念和原则，开拓思路，大胆创新，走出一条突破常规、合作共享、互利共赢的崭新发展之路。

在开发共享型地质遗迹方面，位于不同行政单元的地质遗迹因其地理分布的特殊性，基本上是存在这样的现实，即哪方先开发了，哪方就率先富起来；哪方开发得好，哪方就多受益。由于双方开发利用的不均衡就势必造成一些恶性竞争和对客源的争抢，进而影响景区的整体形象并破坏珍贵的地质遗迹。

实例 1　黄河壶口瀑布国家地质公园。黄河壶口瀑布国家地质公园位于晋陕峡谷黄河河段，地跨陕西省宜川县和山西省吉县两个行政区。河东有山西省吕梁山，河西有陕西省黄龙山。这里黄河河道舒展蜿蜒。其范围北达龙王辿，南至县川口，东西从黄河主河道中心线向两侧扩展大约有 1.5 千米。壶口瀑布是自然形成的独特景观型地质遗迹，该遗迹在形成分布上具有空间整体性。但是历史上形成的行政界限却使得一个完整的景区和旅游活动空间被人为分割成了相对独立的两个部分，分属不同的行政管辖区域。这就引出一个显著的矛盾：一方面从资源与环境的整体性出发，客观上要求对它的利用和保护统一进行；另一方面地质遗迹的开发经营活动又是按行政单元进行的，往往难以统一。由此展开的一系列活动就会违背客观规律，进而暴露出许多问题，例如，双方为了互争客源，针对大型的旅游团队就打起了价格战，进行恶性竞争。各自为政的开发建设和管理，导致公园环境不和谐统一，游客的旅游体验不佳，旅游满意度不高。针对此问题，本书提出打破行政界限，两省联合建立地质遗迹共享区，对该地质遗迹进行共同开发和管理，其实，壶口瀑布在申报地质公园时，原国土资源部是按照一个统一的国家地质公园审批的。

实例 2　陕西延川黄河蛇曲国家地质公园和山西永和黄河蛇曲国家地质公园。两个公园主要的地质遗迹都是黄河蛇曲和黄土地貌，黄河两侧景观分别是对方的观赏对象。地质遗迹具有同质性，但是也有差异，虽然都是黄河曲流，延川一侧观赏曲流形成的湾形细颈较好，乾坤湾就是实证；永和一侧则观赏黄河曲流的流向轨迹全貌较好，乾坤湾鞋岛在永和一侧可以清晰地看到清涧河入黄口、河流的顶托作用、黄河的分流，可以清楚地解释鞋岛（心滩）的成因。对于人文旅游资源，延川具有原生态特点，如碾畔黄河原生态文化民俗博物馆，小程村的千年古窑、剪纸艺术等，永和则以红军东征为主题，有退干村的红军东征纪念馆和毛泽东东征居住的窑洞遗址。

从游客观赏心理而言，目前各自的旅游范围和内容不能完全满足游客知觉的封闭性和完整性原则。游客希望能够在秦晋峡谷两侧观赏蛇曲全貌，不留遗憾。

跨省级行政单元的地质遗迹要进行共享开发，需要涉及各方利益，考虑的因素较多、较复杂，联合开发实施起来确实难度很大，但是为了地质遗迹开发和公园属地的可持续发展，为了双方利益的共享和双赢，必须付出努力加以解决。可以欣喜地看到，在一些大规模共享型地质遗迹的开发方面也不乏比较成功的先例，例如，著名的张家界武陵源风景区原来分属大庸、桑植、永顺三县市，后来为便于风景区统一管理,将桑植、永顺统一归属大庸市,使风景区管理步上一个新的台阶。又如,国家级重点风景名胜区宁波奉化溪口,原由溪口镇人民政府、风景旅游管理局、奉化水管局三个行政机构共同管理,现由奉化市溪口风景区管理委员会实行统一、综合管理,收到了良好的效果。因此,相关的地方政府和旅游管理部门有必要打破固有的行政区划和管理的条块分割,开拓思路,寻求一种新的合作式管理运作体系。因为在全球化时代,现代社会已不能保证单个行政地域单元在日益激烈的竞争环境中绝对受益或绝对遭损,强调各个层面的充分协作和互动式交流就成为各个行政管理单元的明智之选。

相比跨省共享,跨县市共享申报地质公园应该更有可能。在陕西省榆林市榆阳区的东北麻黄梁和佳县的西南方塌一带,分布着广阔的上新世三趾马红土形成的各种红土地貌,该地貌具有典型性和观赏性,人们已经认识到这是珍贵的地质遗迹。2017年榆阳区麻黄梁已经申报成功具有建设省级地质公园资格,建议佳县方面积极主动与麻黄梁联合,争取扩大地质公园范围,使佳县方塌地区的地质遗迹纳入地质公园。

二、共享型地质遗迹的开发策略

针对共享型地质遗迹的开发问题,“共享”有四个含义:环境共保、资源共享、品牌共创、利益共分,跨界双方将大家共同享有的地质遗迹作为一个整体进行统一的管理与开发,双方共同致力于创建旅游品牌形象,保护地质遗迹及其生态环境,努力提高公园的管理水平,进而秉承公平合理的原则,共同分享开发经营所获得的各项收益。这里需要指出的是,利益共享的前提和基础是各方打破行政界限,共同承担起保护共享区地质遗迹旅游与生态环境的责任。

(一)黄河壶口瀑布地质遗迹的共享策略

1. 建立壶口瀑布旅游共享区管理委员会

打破狭隘的地方观念,充分发挥两省政府的主导作用,从全局出发,双方联合成立壶口瀑布旅游共享区管理委员会(名称待定)。该管理委员会的委员由两县政府及有关部门的人员和专家组成,行使监督、协调、服务的职能。该地质公园管理权由所在的山西省吉县和陕西省宜川县人民政府负责。管理工作主要围绕黄河壶口瀑布地质遗迹和环境保护展开,具体工作还包括公园规划、交通运输、基础设施建设、游览组织、游客接待、环境监测及日常的行政事务等诸多方面,从而形成具有一定开发和管理决策权的相对独立的区域性管理模式。

2. 建立健全组织机构,制定并完善共享区的各项制度和法规

地质遗迹旅游共享区的建立在我国还没有先例,如何把其作为一个示范区建设好具有重要的借鉴意义。建议国家旅游管理部门制定有关此类型共享区的法规

制度，并成立专门的机构来监督这些法规的执行。同时壶口瀑布共享区还应制定切实可行的地质遗迹与环境保护规划、统一的地质公园规划，从而保证共享区开发和经营过程能循着规范化、制度化的轨道健康发展。

3. 引入市场机制，成立壶口瀑布旅游发展股份有限公司，建立旅游利益的共享机制

旅游业作为一般性竞争行业，在开发经营过程中引入市场机制，吸引社会资金，按市场化模式运作。因此，壶口瀑布地质遗迹共享区也应按照“以政府为主导，以市场为主体”的原则，并借鉴浙江省临安市旅游开发市场化运作的成功经验，尽快组建壶口瀑布旅游发展股份有限公司，将资源的所有权、管理权和经营权相分离。为了吸引社会资金，鼓励投资商出资，两地政府应尽快出台一些优惠政策，由投资商出资金控大股，一般可占总股份的60%左右；同时考虑山西省吉县和陕西省宜川县的地方利益，将所拥有的资源折价入股，双方各占15%左右，由两县旅游管理部门代表县政府拥有国有风景旅游资源股，双方各占股份的5%左右。在利益分配上，应根据这样的比例进行分红。今后随着公园的进一步发展，这样的股份比例需要进行适当的调整。初始阶段按照以上股份比例来合作共享，能充分调动各方面的积极性，通过资本与利益的纽带将投资方、地方政府等单位联为一体，形成统一管理、多元开发、股份合作、利益共享、风险共担的市场化经营运作模式，从而不断提升壶口瀑布的市场竞争力。

（二）山西永和黄河蛇曲国家地质公园和陕西延川黄河蛇曲国家地质公园共享策略

从旅游市场角度分析山西永和蛇曲国家地质公园的游客来源，以200千米为半径，其中圈入的主要游客集散地城市为陕西省延安市，距永和县仅150千米，而太原市距永和县近300千米之遥。目前延安市红色旅游发展迅猛，2018年延安市接待境内外游客6300多万人次，创旅游综合收入410亿元。按此计算，如果有1%的游客前往陕西延川黄河蛇曲国家地质公园旅游，则可达60多万人次，山西永和黄河蛇曲国家地质公园若能够吸引来延川一半甚至三分之一的游客，则有30万人次之多。

目前，山西永和黄河蛇曲国家地质公园旅游交通条件不佳，山西客源地可进入性不强。但是与延安仅有不到2小时车程。另外，陕西延川黄河蛇曲国家地质公园与山西永和黄河蛇曲国家地质公园相比，则更具有吸引来延安游客的潜力，因此两个公园在旅游宣传、管理运作上可以互相补充和借鉴交流，在具体运作中可以推出地质遗迹共享产品，我们设想可以首先在旅游线路上互动联合推出旅游线路新产品，弥补各自的不足，此举对永和可谓“搭便车”，对延川可谓“锦上添花”。共享科普旅游线路可利用黄河水道，兼有水路和陆路，基本线路安排为：由陕西延川乾坤湾码头行船至会峰寨港口，上岸后观赏会峰寨风光和清水湾，在会峰寨渡口乘船渡过黄河（由永和方面接送渡黄），参观游览仙人湾、于家嘴、白家山湾、乾坤台、博物馆、红军东征纪念馆再由河槐里村渡口渡过黄河进入延川乾坤湾。

再进一步，这两个国家地质公园都有申请成为世界地质公园的愿望，就申报世界地质公园考虑，两处的地质遗迹具有明显的连贯性和资源的优势互补。根据联合国教科文组织世界地质公园申报的要求，可联合申报黄土地貌地质公园。为完整展示黄河蛇曲形态和黄土地貌景观，给游客以更震撼的体验，将这两个相邻的地质公园联合在一起，申报成功的可能性更大。

参考文献

[1] 林明太. 地质公园解说系统的规划与建设[J]. 西安建筑科技大学学报(社会科学版)，2007，26(2)：29-33.

[2] 梅耀元，周敖日格勒. 地质公园解说系统建设存在的问题及对策初探[J]. 科技创新导报，2011，(12)：227-229.

[3] 陈霞. 麦积山国家地质公园解说系统的规划与建设[J]. 甘肃科技，2015，31(12)：29-31.

[4] 林明太. 地质公园科普教育存在的问题及对策——以福建太姥山国家地质公园为例[J]. 国土资源科技管理，2008，25(3)：133-137.

[5] 吴希冰，张立明，邹伟. 自然保护区旅游标识牌体系的构建——以神农架国家级自然保护区为例[J]. 桂林旅游高等专科学校学报，2007，18(5)：1-9.

[6] 胡炜霞，吴成基. 论国家地质公园建设的可持续发展[J]. 干旱区资源与环境，2007，21(6)：29-33.

[7] 郝俊卿，王姣霞. 陕西省黎坪地质公园可持续管理研究[J]. 陕西地质，2015，33(1)：81-83.

[8] 郭文. 景区的“数字”和“智慧”[N]. 中国旅游报，2012-08-20.

[9] 沈杨，张红梅，何越. 我国智慧旅游建设的现状与思考[J]. 甘肃农业，2013，(3) ：20-23.

[10] 张凌云，黎巎，刘敏. 智慧旅游的基本概念与理论体系[J]. 旅游学刊，2012，27(5)：66-73.

[11] 张建涛，王洋. 大数据背景下智慧旅游管理模式研究[J]. 管理现代化，2017，(2)：55-57.

[12] 王世运，田兴彦，伍振兴. 智慧旅游信息系统的旅游数据整合[J]. 电子技术与软件工程，2016，(24)：194-195.

[13] 杨攀，朱庆，张骏骁，等. 面向智慧旅游的游客数据库设计与实现[J]. 测绘，2016，39(4)：164-168，175.

[14] 卫洁. 基于云平台的智慧旅游系统应用研究[J]. 计算机时代，2016，(6)：32-35，39.

第十章 地学旅游与地质公园可持续发展

随着人民物质生活水平的提高，目前旅游业发展迅猛。知识旅游正在兴起，地质公园作为知识旅游的引领者，其可持续发展将比以往任何时期具有更丰富的内涵和更重要的意义。一方面，地质公园用于保护珍贵的地质遗迹，成为地学旅游的理论研究核心和实践探索主体；另一方面，地质公园紧紧围绕生态文明建设，通过科普教育增长全民科学知识，为提升我国人民的精神文明水平贡献力量。在此背景下，地学旅游正向我们走来。

第一节 地学旅游概述

一、地学旅游的起源和发展

地学旅游是一个全新的概念，是以地质地貌景观为主要对象的一种旅游方式，与我国地质遗迹保护利用和地质公园的出现紧密相关。

我国地学旅游的思想起源可以追溯到11世纪初期的北宋，当时杰出的科学家沈括（1031—1095年）认为“凡所至之处，莫不询究”，他的《梦溪笔谈》寓科学研究于旅游之中，有着很高的科学价值。2014年，庄寿强根据创新学原理，综合地质学和“新视角旅游学”提出了地质旅游学的概念[1]，2016年，陈安泽主持编写的《全国地学旅游发展纲要（2016～2025）》中明确提出广义地学旅游的概念。之后，我国地质学、地理学、旅游学领域专家学者积极响应，对地学旅游展开了积极探讨，并在短时间内取得了理论与实践层面的多项共识。

2016年11月6日，由陈安泽和郭来喜发起的地学旅游发展专家研讨会隆重召开。会上专家学者一致认为，一个适应游客需要的地学旅游正在孕育、兴起，它正在成为科学旅游、研学旅游的重要根基。同时，形成了地学旅游要成为中国地学科普精品的代表、努力实现从地理（质）转向地学、成立一个地学旅游联盟等从理论、产品、市场到组织的一系列重要决策，为地学旅游快速发展迈出了决定性一步。

2017年1月8日，中国地学旅游联盟成立大会在京举行，经大会组委会推荐并一致同意由北京大学旅游研究与规划中心主任吴必虎担任首任主席。会上，吴必虎以《中国地学旅游联盟的价值观》为题发表了演讲，提出了中国地学旅游联盟的三个价值观：多学科融合、学术和行业紧密联系平台和公益教育。本次大会不仅实现了我国地学旅游的组织统一，而且形成了理论共识。

随着地学旅游的兴起,越来越多的学术团体和组织加入到中国地学旅游联盟中。2017 年 9 月 16 日,来自全国地质旅游学界、地矿和研学教育机构的代表聚集在北京大学英杰交流中心,共同探讨中国地学旅游的发展问题,如地学旅游的实践教育问题、重点人群的关注问题、地学文化传播问题等,使地学旅游发展的实践层面更加具体化。

将地学旅游发展提升到新高度的标志性事件是在 2017 年 12 月 5 日中国地质学会旅游地学与地质公园研究分会第 32 届年会暨铜仁市地质公园国际学术研讨会。在此次研讨会上,以实际行动学习宣传贯彻党的十九大精神,积极发展新时代地学旅游事业,40 位院士以及年会全体代表联名签署了《开创新时代地学旅游——铜仁倡议书》[2]。倡议书提出,在新时代,人民对旅游、科学普及、科学素质提升需求的激增已成为“不平衡不充分的发展之间的矛盾”的主要矛盾,而发展地学旅游,正是解决这一矛盾的最佳途径。倡议书倡议:国家旅游决策部门将地学旅游列为重要旅游种类,地学界、旅游界等专家学者积极参与地学旅游志愿活动,有关高校开设旅游地学课程或设立旅游地学专业,加强导游人员管理和地学知识培训,重点开展“一带一路”地学旅游互联互通活动,举办“一带一路”地学旅游大会、世界地学旅游大会等。

至此,我国地学旅游发展从服务行业领域上升到增进人民福祉,从实践探索提升到理论认知,开创了一个全新的地学旅游时代。

二、地学旅游与传统旅游

庄寿强曾提出地质旅游的概念,地学旅游与之比较,范围更广,除特有的地质地貌遗迹旅游和水、土、林、气象、动物资源欣赏等广义的自然资源旅游外,还包括大量的人文旅游资源,这些人文旅游资源中都含有地学的背景和要素,实际上在地学旅游路线组织上并非仅有纯地学的观光资源,需有许多人文旅游景观贯穿其中,这样才使得地学旅游既有意义又贴近人类社会生活,不枯燥无味,使人们更易获得对地学旅游的认可。

陈安泽认为,地学旅游主要是指以地质、地貌景观与人文地理景观为载体,以所承载的地球科学、历史文化底蕴为内涵,以寓教于游、提高游客科学素质、带动贫困地区经济发展为宗旨,以观光游览、研学旅行、科普教育、科学考察、寻奇探险、养生健体为主要形式的益智、健身旅游活动。简单地说,地学旅游是指人们暂时离开居住地,通过体验地质、地理景观,以获得精神享受的旅游活动。

作者认为,地学旅游不仅是一种旅游的形式,更是一种旅游的境界和追求,是一种追求知识、自我提高的过程,这种旅游是适应知识旅游发展而伴生的。在我国旅游发展的初期阶段,提倡开展地学旅游则时机不成熟,各种传统旅游主要是欣赏自然美景,放松心情,其中隐含的地学要素常被人们忽视,即使在今天,如果不进行宣传、引导和组织，地学知识在旅游中的普及仍很困难，依旧不会受到大众的青睐。其实任何旅游活动都是在地球上展开的，是在地质环境中进行的，所以本质上都有地学元素在内，只是以往没有挖掘出旅游的地学内涵。

地学旅游与传统旅游是相互挖掘和相互提升的过程。在一次旅游活动的组织中并不存在单纯的地学旅游，地学旅游路线设计也从不回避人文景观的欣赏，至于专门开展的地学科考则属于专业研究范畴，而不同于旅游。旅游地学界同仁的任务就是在传统旅游活动中加入地学元素，通过科普旅游，把旅游中涉及的地学知识挖掘出来，这比单纯设计地学旅游路线更有价值。

第二节　地质公园的可持续发展现状

一、国外地质公园发展经验借鉴

1996年8月在北京召开的第三十届国际地质大会上，法国的Martin和希腊的Zoulos提出了通过建立欧洲地质公园的方式来保护地质遗迹资源。随即法国的Haute Provence、希腊的Lesvos Petrified Forest、西班牙的Maestazgo、德国的Vulkaneifel成为欧洲地质公园的4个首创成员，到1999年又有爱尔兰等6个国家发展成为成员。这些地质公园始终围绕着增加对游客的吸引力和促进当地经济发展来建设。英国的Marble Arch Caves地质公园重点建设地下河等地质遗迹，每年吸引近万名学生来这里进行地质实习，同时，每年还有五万多名游客来此观赏地质景观，寻觅地下河的形成和地面湖泊的演变过程，形成了一个面向公众的科普基地和旅游胜地。德国与荷兰接壤的Teutoburger Wald Wiehengebirge地质公园记录了该地区3亿年来的沧桑变化，管理者一方面通过自然博物馆的形式将这一地质历史展现到游客面前，另一方面通过制作相关旅游纪念品，如图书、照片、光盘，甚至标本和模型、动画图片和儿童玩具等进行出售，实现了地质遗迹保护和经济效益的双赢。德国Vulkaneifel地质公园是保护地质遗迹与促进地方经济发展相结合的最好典范，公园内现存67个火山口，还有不少古采石场、古代炼铁设施等，建立地质公园后对它们进行了严格的保护，还将本区宝贵的矿泉水资源开发出来，极大地促进了当地经济的发展。

由此可以看出，欧洲地质公园建设从一开始就坚持“在保护中适度开发，以开发促保护”的原则。通过保护地质遗迹，开发旅游产品和完善服务设施，来增加当地居民就业机会，提高居民收入和生活水平。同时，又从经济收益中支出一部分来保护、维护和修复地质遗迹，治理环境、恢复生态，营造地质公园秀美宜人的生态环境，使其形成地学科普旅游区和风景区。欧洲地质公园的建设既保护了地质遗迹，又带动了当地经济发展，这一点值得我国地质公园建设借鉴。

二、地质公园的规划建设

地质公园规划是保证地质公园建设能够始终围绕保护、科普、发展三大任务的指导性纲领，规划文本将会以政府文件的形式公布实施，成为地方法规性文件。因此，必须认真开展规划工作。原国土资源部要求在获得地质公园建设资格后就启动规划的编制。地质公园规划必须由具有相关资质和能力的部门承担，其中应配备一定的地质和旅游地学人才。事实证明，具有扎实的地学知识、丰富的公园规划经验的人才对地质公园规划具有重要作用。

地质公园规划与旅游景区规划最大的区别是强调在保护地质遗迹的前提下进行适度旅游开发利用，而且以科普旅游为主，同时有许多特定的内容，规划理念已不仅仅是开展旅游。因此，地质公园规划要求更高，内容更全面，技术更严格。

具体而言，地质公园规划的特点在于以下几个方面：

(1) 以科学发展观为根本指导方针，以保护地质遗迹、普及地学知识、促进公园所在地区社会经济可持续发展为基本原则。规划应突出地质公园性质、定位及地质遗迹特色，有利于地质遗迹保护和可持续利用，有利于地质公园建设和健康发展，具有实际可操作性和可测度性。因此，2016 年国土资源部专门制定了《国家地质公园规划编制技术要求》。

(2) 规划要求开展对地质遗迹的详细调查，按照地质调查的标准阐述公园区域地质环境、地质基础，编制地质图；进行地质遗迹的成因分析，进行地质遗迹全球或区域对比、等级评价等，规划编制技术要求对如何进行对比有明确的要求。同时，根据原国土资源部地质遗迹类型划分表确定地质遗迹大类、类、亚类和地质遗迹点，完成地质遗迹名录数据库。

(3) 科学合理地确定地质公园的边界。为保护好地质遗迹，地质公园内不能有大型交通设施和探矿采矿等活动，作为一种自然景观型公园，也不应含有大的城镇和太多的人口，因此面积要适宜；考虑到能够作为为一种地质事件提供见证的地质遗迹的完整系统，公园范围也不能太小。在确定边界时要求与生态保护规划、生态红线、土地利用规划、矿产利用规划一致，将公园边界线拐点坐标置于图中，这比旅游景区边界划定的要求要严格很多。

(4) 地质公园首要任务是保护珍贵的地质遗迹，因此功能区规划中增加了地质遗迹景观区。对地质遗迹按照等级确定特级、一级、二级、三级保护区，规划文本要求对各个保护区根据保护要求制定相应的保护措施，规划图件中增加专门的地质遗迹保护规划图，将保护区边界线拐点坐标置于图中。对特级、一级保护对象的责任要落实到专人。

(5) 地质公园规划重视地质遗迹科学研究，为此，要求规划明确科研项目和经费保证，提出与科研单位、高校等合作开展研究，争取申报基金项目、发表学术论文等。

（6）科学普及是地质公园的特殊任务，规划要分别针对大中小学学生、社区和游客制订科普行动计划。对解说系统规划有严格要求，各级地质遗迹解说牌内容要通俗科学，图文并茂；制订地学导游培养计划，编写导游词，遴选地学旅游路线，博物馆布展要突出本公园地质遗迹，要有宣传资料、图册、三维导游图等；对解说系统建设的要求要具体，例如，每个国家地质公园解说牌不少于50块，其中地质遗迹解说牌不少于30块。提倡利用新技术和新媒体开展多种形式的电子解说系统建设；导游应参加地学知识培训，每人每年应不少于20个学时。

（7）地质公园在地质遗迹调查的基础上开展信息化建设。加强地质公园数据库、监测系统、网络系统和智慧地质公园的建设。地质公园信息化建设包括建立地质公园的地质遗迹管理数据库与信息管理系统，建立地质公园的监测，信息网络系统，建立独立的地质公园网站，以推进智慧地质公园建设。

（8）完善地质公园管理体制。地质公园需有专职的管理队伍，人员组成包括专职管理人员、地学专业等，必要时可聘请相关专业人员作为顾问。管理人员明确工作任务和职责，分别负责国家地质公园规划、建设、科学研究、科学普及、宣传推广及日常工作等。

三、地质公园的地质遗迹保护

地质公园的核心任务是为国家保护好珍贵的地质遗迹。这一任务在各地方政府申报地质公园的承诺书中有明确要求。事实上，不少地方政府对于地质遗迹保护的承诺重视不够，对地质公园发展过程的旅游开发过度关注，而忽视了地质遗迹保护，主要表现在以下几个方面：

（1）地质遗迹保护设施数量少，保护不到位。例如，仅在公园主要景区和关键交通位置设置一些保护设施，而不是按照地质遗迹保护等级设置。个别地质公园对于地质遗迹保护设施、地学科考道路和解说牌的质量重视不够，与地质公园中地质遗迹的等级品质不匹配。

（2）地质解说牌数量少、内容陈旧。不少地质公园甚至是世界地质公园，地质遗迹解说牌的数量分布寥寥无几，没有营造出地质公园的地学氛围和地学特色。

（3）地质遗迹保护经费使用不当。不少地质公园在取得地质公园资格，获得地质遗迹保护专项经费后，在公园开发宣传中仍旧没有突出地质特色；有的地质公园保护经费尽管使用项目丰富多样，但是用于地质遗迹保护经费项目的比例偏低，如卫生间、休息座椅、垃圾箱等多为地质公园基础设施建设经费项目，却被作为地质遗迹保护经费项目。

（4）地质遗迹及其赋存环境是一个有机、统一和协调的整体。地质公园内地质遗迹本身虽然没有遭到破坏，但是其周边生态环境和景观视域环境的原真性没有得到有效保护，地质遗迹景观的美学性被公园内大体量、大规模人为景观建筑所破坏。

(5) 地质遗迹保护主动性不足。有的地方政府和地质公园存在依靠思想、等待思想，不完全落实承诺的地质遗迹保护配套经费，对地质公园的地质遗迹保护积极性不强，致使地质公园的影响力和品位提升缓慢，地质遗迹价值的社会认可度较低。

此外，地质公园规划对于地质遗迹保护有具体要求，但在相关部门的实际工作中往往不按照规划实施，规划是以政府名义颁布的，但由于没有专门的监督管理部门，规划单位更没有权利实施全程监督，致使规划流于形式。

上述问题都体现出地质公园管理者对地质遗迹本身价值认识不到位，需要强化对地质公园的认知，不断学习地质知识，并逐渐树立自觉保护意识。

据中新网，2017 年 6 月贵州松桃苗族自治县的潜龙洞景区，一名男游客将 30 厘米左右的万年钟乳石踢断，钟乳石成型缓慢，对远古地质研究具有重要价值。

作者认为，这是一起十分严重的破坏地质遗迹的事件，影响十分恶劣，但处理结果仅仅是“涉事者被批评教育，罚款 500 元”。处理结果说明：一是公园管理者本身对钟乳石价值的认识不到位，保护措施不周密；二是游客已经不是对地质遗迹重要性不清楚的问题，而是蓄意破坏；三是地质遗迹保护法规不健全，不完善。1995 年 5 月 4 日地质矿产部发布的《地质遗迹保护管理规定》中规定，对地质遗迹造成污染和破坏的，地质遗迹保护区管理机构可根据《中华人民共和国自然保护区条例》的有关规定，视不同情节，分别给予警告、罚款、没收非法所得，并责令赔偿损失。该条例已不能适应当前地质遗迹保护形势，应尽快修订和完善，以避免类似问题再次发生。

四、地质公园属地的地质文化弘扬

作为公园周边的民宿客栈，依托地质公园特殊的地质遗迹，是弘扬地质文化的新颖载体。在陕西汉中黎坪国家地质公园有扬子客栈。“扬子”二字源于公园地处我国扬子板块最北端，体现出有别于陕西关中华北板块的特征。我国在大地构造上有两大板块，北方是华北板块，南方是扬子板块。汉中黎坪是扬子板块的最北端。扬子板块是距今 8 亿年前因地壳运动作用从茫茫大海上升形成，经过了长期的地壳演化形成。客栈迎宾语设计为：黎坪地处扬子板块，8 亿年前升出海面；地质遗迹丰富多样，地质文化特色鲜明。

公园内的伴山客栈，则体现以中华龙山、石马山岩溶石林为依托的地域特征。在客栈门前，别具一格的宣传内容更受游客青睐。这里伴着中华龙山，伴着石马深山。感受山里人的淳朴热情，体验浓浓的巴山风情，更能交流地质文化，地质特色的房间介绍有公园地质遗迹和这类风景。宝塔红石，神奇龙山，壮丽峡谷，西流瀑布，幽幽密林，带领游客回到亿万年前的地质岁月，倾听石头讲述一个个有趣的地质故事，融入自然，获取知识。

第三节　生态文明建设与地质公园可持续发展

我国生态文明建设经历了从“战胜自然”、“人定胜天”到“尊重自然”、“人与自然和谐相处”，再到大力推进生态文明建设的不断深化过程。党的十八大报告提出大力推进生态文明建设，以独立篇章系统阐述了推进生态文明建设的总体要求，并把生态文明建设放在事关全面建成小康社会的战略地位，纳入建设中国特色社会主义总体布局。

从“美丽中国”的提出到“十三五”规划将生态文明建设首度列为任务目标，再到党的十九大报告提出“坚持人与自然和谐共生”，统筹推进“五位一体”总体布局，落实创新、协调、绿色、开放、共享的发展理念，持之以恒推进生态文明建设，已成为新时代建设美丽中国、增进人民福祉，引导我国生态、经济和社会协调发展的必然要求。

一、生态文明建设与旅游业可持续发展

（一）生态文明建设是旅游业发展的高级形态

旅游业是非资源消耗型产业，符合生态文明建设的基本要求。生态文明是人类社会发展到一定程度之后形成的高级形态，也是旅游发展的高级形态。

旅游业有助于推动生态文明理念的落实。旅游业在推进社会参与、促进产业融合转化、统筹城乡发展等方面都起到重要作用，其系统性、综合性的特点能够带动生态文明建设在社会、经济、政治、文化、生态等各个领域的融合与落实。

旅游业态符合生态文明建设的基本要求。生态文明倡导绿色经济、循环经济，要求经济社会的发展以尊重自然法则和传承历史文明为前提，节约资源、保护环境。旅游业是当前调整产业结构、转变经济增长方式进程中重点培育的新兴产业，能够充分体现生态文明建设的基本要求[3]。

旅游业有助于提高人们对生态文明建设重要性的认识。我国自古就有“道法自然”、“天人合一”的哲学思想，注重人与自然的和谐。然而，人们在发展工业文明的过程中过度追求经济效益，造成了对生态环境的极大破坏。生态文明建设首先就是要转变观念，提高人们的生态文明意识。旅游可以使人们在亲近大自然、陶冶情操和愉悦身心的同时从自然和人文景观中获取知识，提高环境保护的意识和建设生态文明的自觉性[4]。

（二）生态文明建设是推动全域旅游、优质旅游的重要保障

以陕西省为例，2017 年 7 月 31 日，陕西省人民政府办公厅印发了《陕西省全域旅游示范省创建实施方案》，方案提出以“五大发展理念、五个扎实”为要求的指导思想，实现旅游产品全域覆盖。到 2020 年，要确立秦岭人文生态旅游度假圈，创建一批国家生态旅游示范区、旅游循环经济示范区、国家水利风景区、国家风景名胜区、国家森林公园、国家湿地公园和国家地质公园。完善提升西安临潼旅游度假区、楼观旅游度假区、浐灞旅游度假区、宝鸡太白山旅游度假区、安康上坝河旅游度假区、曲江旅游度假区等 20 个国家级和省级旅游度假区景区品质和服务质量。统筹指导和培育发展基础良好的山地、温泉、森林、城郊、乡村等各类主题旅游度假区。通过改造提升，实现全省高 A 级景区突破 130 个。在上述旅游产品中，生态旅游产品是主体，生态旅游产品的升级与提升构成了陕西省实现旅游产品全域覆盖的核心。

同时，方案指出，陕西省要实现旅游生态环境全域优化。要求牢固树立全域旅游理念，统筹推进和合理开发旅游资源，加快绿色旅游标准体系建设，推行绿色旅游产品、绿色旅游企业认证制度。在旅游景区推广使用装配式建筑、充电桩等节能设施。支持景区景点利用新能源环保材料，引进生物降解等先进厕所处理技术。加强沿黄公路、108 国道等主干道沿线生态资源环境保护，开展绿化、美化、景观化建设，推动旅游产业与生态保护协调可持续发展。由此可见，生态环境全域优化的内容也是生态文明建设的基本内容。

2018 年 1 月 16 日陕西省旅游工作会议召开，在《加快全域旅游示范省创建步伐 推动陕西优质旅游发展》的工作报告中要求以“五新”战略任务为统揽，久久为功抓好“五大系统工程”，推动优质旅游落地见效。因此，生态文明建设是优质旅游的重要保障。

二、生态文明建设与地质公园可持续发展

地质公园作为我国旅游业发展的重要组成部分，是建设美丽中国与生态文明社会的重要支撑，它的快速发展不但能够带来区域经济增长，而且会对区域环境改善产生积极作用[5]。如何在生态文明理念下发展地质公园，实现科学规划设计，有序开发地质旅游资源，倡导和鼓励健康、文明、低碳、绿色的旅游消费方式，实现与政治、经济、文化和社会的融合发展，推动全域旅游、优质旅游发展模式科学演进，是地质公园可持续发展必须解决的核心问题。以陕西省为例，提出如下三条建设路径。

(一) 通过资源生态化,协调地质遗迹开发与保护的关系

坚持陕西省地质遗迹保护优先、科学规划、合理开发的原则,保护以秦岭、黄土高原、天坑岩溶地貌为核心的地质遗迹的整体性和生态系统的完整性,制定科学的保护和开发建设规划,有序地进行地质遗迹开发,实现地质资源的永续利用。将陕西省地质公园打造成集自然保护区、重点风景名胜区、森林公园等多位一体的生态旅游示范区。

(二) 借助旅游廊道建设,优化地质旅游产品的空间布局

依托陕西省三条生命“蓝道”,优化水体类地质遗迹产品的空间布局,提升与开发黄河乾坤湾、黄河壶口瀑布、韩城黄河湿地、渭河两岸、汉江的地质旅游产品。依托陕西省三条健康“绿道”,优化山岳类地质遗迹产品的空间布局,形成秦岭北麓的温泉类地质旅游产品、秦巴山地地质旅游产品。依托陕西省三条文化“紫道”,优化陕北红色地质旅游产品的空间布局,以延安市域内红色旅游资源为核心,打造革命圣地延安旅游品牌,重点推出陕北丹霞地质旅游产品。

(三) 通过教育引导,倡导生态绿色的游客消费行为

从地质公园管理者角度引导旅游者行为,降低生态文明行为成本,构建地质公园公民生态文明教育体系,并将低年龄者和高年龄者作为重点目标群体。丰富地质公园生态文明教育内容,多管齐下,不仅涉及环保知识科普,还应涉及生态权利意识、生态责任意识和生态参与意识培养。推动地质公园游客行为的法治管理,通过“倒逼”方式促进游客由他律向自律转变。

第四节　精准扶贫与地质公园可持续发展

从空间分布来看,我国的地质公园集中于太行山—巫山—雪峰山—滇东北一带和皖南与皖西山地、鲁中南山地、祁连山东段、川北秦巴山地,这些区域多属于我国《中国农村扶贫开发纲要(2011—2020年)》中提出的集中连片特困区,也是我国《“十三五”旅游业发展规划》中的重要风景廊道和旅游扶贫重点区域,区域内资源保护与经济发展矛盾突出。地质公园已成为上述区域精准扶贫的主要途径,构成了我国地质公园可持续发展的特殊内容。

一、精准扶贫与旅游扶贫

2015年11月,《中共中央国务院关于打赢脱贫攻坚战的决定》提出,结合建立国家公园体制,创新生态资金使用方式,利用生态补偿和生态保护工程资金,使当

地有劳动能力的部分贫困人口转为护林员等生态保护人员。

2016年3月,《中华人民共和国国民经济和社会发展第十三个五年规划纲要》提出打造一批辐射带动贫困人口就业增收的风景名胜区、特色小镇,实施特色民族村镇和传统村落、历史文化名镇名村保护与发展工程。

2016年8月,《乡村旅游扶贫工程行动方案》提出了“景区带村”、“能人带户”和“合作社+农户”模式,在随后公布的80家全国“景区带村”旅游扶贫示范项目名单中,地质公园数量居多,如陕西岚皋南宫山国家地质公园、陕西商南金丝峡国家地质公园、甘肃平凉崆峒山国家地质公园等。

二、地质公园精准扶贫与实例

我国地质公园建设受到地方政府和群众的普遍认同和广泛欢迎。鉴于此,我国以地质公园建设为契机,推动了地质公园所在贫困地区的精准扶贫。地质(矿山)公园的开发建设,带动了当地旅游产业、特色产品制造、住宿餐饮、特色农牧业、地质科技文化产业等第一、二、三产业的发展。2015～2017年,全国地质公园(世界级、国家级)和矿山公园接待游客32.55亿人、1.15亿人次,门票收入达396.16亿元,旅游总收入3926.2亿元。已建成各类宾馆、餐馆、农家乐、客栈等餐饮住宿点23463家,新开发与公园相关的旅游产品719种。通过公园建设直接脱贫人口达24.19万人,417个村实现整村脱贫。

“十二五”以来,我国在贫困地区成功申报了6处世界地质公园。贵州省织金县属于国家14个集中连片特殊困难地区的乌蒙山片区,同时也是国家扶贫开发工作重点县。2015年9月,贵州织金洞国家地质公园被联合国教科文组织正式批准为世界地质公园新成员,成为我国第32个世界地质公园,也是贵州省第1个世界地质公园。国内外慕名而来旅游的人数不断增多,与往年同期相比旅游人数成倍增加。公园园区所在的织金县官寨苗族乡,是典型的喀斯特地貌,生态环境恶劣。2015年全乡辖16个村、131个村民小组、7784户、31040人,其中建档立卡贫困户2721户、7589人。通过地质公园建设和旅游产业发展,2017年实现1057户、3885人脱贫,直接和间接带动当地老百姓就业达16200余人,增加了当地村民收入,取得了良好效果。官寨苗族乡乡村旅游涉及农村人口年纯收入从2012年的4300元增加到2016年的8500元以上,有力地拉动了农村经济快速增长。

湖南湘西红石林国家地质公园2005年申报成功,2012年正式开园,2013年荣获“中国最美地质公园”称号。建立地质公园前,花兰村、坐苦坝村等6个贫困村曾经是水、电、路、网、广播五不通的空心村、光棍村,村民人均年收入仅400元。建立地质公园后,2016年公园接待游客45.9万人,门票收入2911.24万元,旅游综合收入达2039万元。农民从过去单一务农转变为务农经商就业。2016年村民人均年收入达2868元。辐射周边1256户农户、8318名村民。景区工作人员90%以上是当地居民，初步形成了可持续发展的农旅产业链，新增直接就业 3200 人，间接就业 13500 人。

贵州赤水丹霞国家地质公园通过土地整治发展新农村经济，农林特色产品也因旅游销售一空。当地通过土地整治项目，把荒石、零星地块整治成耕地 5000 亩发展生产。同时通过创建美丽乡村打造乡村旅游，每月游客可达 2 万人次。结合产业结构调整，利用土地整治后的石块栽种石斛，每亩可收入 3 万元，使荒石变成金石。建立移民搬迁点，搬迁农户 60 户、212 人，使地质遗迹不再被破坏。集聚产业保长远发展，贫困群众在园区内打工每人每月收入 3000 元，还带动 42 户农家乐每月收入上万元。公园内张家湾景区既是保护地质遗迹、普及地学知识、观赏石斛仙草、体验特色农业的国家地质公园，又是美丽乡村建设、贫困群众脱贫的幸福乐园，是通过地质旅游产业发展，荒山变金山实现精准脱贫的示范典型。

第五节　地质特色小镇建设与地质公园可持续发展

一、地质特色小镇建设的意义

2016 年 7 月 1 日，住房和城乡建设部、国家发展和改革委员会、财政部联合发布通知，决定在全国范围开展特色小镇培育工作，拟培育 1000 个左右各具特色、富有活力的休闲旅游、商贸物流、现代制造、教育科技、传统文化、美丽宜居等特色小镇[6-8]。这对于保护古镇文化遗存、开展特色旅游、促进小镇经济发展具有重要意义。

近年来，全域旅游带动的中国特色小镇建设方兴未艾，但是以弘扬地质文化、保护地质遗迹为目的的特色小镇建设尚显不足。我国已建成 200 多处世界级、国家级地质公园和矿山公园，在这些地质公园周边不乏具有地质特色的小镇，有些地质公园正是依托原有的地质特色小镇建立的。

陈安泽认为：地学文化是人类在认识地球、利用地球时创造的一切物质文化、行为文化与精神文化的总和。2017 年，他提出对具有重要的地学文化旅游资源的小镇可择优培育为地学旅游小镇，依托地学文化特色小镇，开展地学旅游，增强旅游产品的科学含量，发挥资源的深层次价值，提升游客的满意度，有利于地方上旅游产品的转型升级。同时，地质特色小镇建设还有利于保护自然遗产，精准扶贫，推进生态文明和美丽中国建设。

讲好绿水青山的故事，传播地质文化，促进地学、文化、旅游融合发展是地质文化村和特色小镇建设的重要内容。

2017 年 11 月 19 日，我国首创、浙江省首个“地质文化村”——嵊州市通源乡白雁坑村正式授牌，该村以地质遗迹景观为主体，融合乡村活态文化，为乡村旅游提供了新的示范样板。2018 年 4 月 5 日我国第一个“旅游地学文化村”在贵州省六盘水市钟山区月照社区挂牌成立。这是贵州省地质矿产勘查开发局精准扶贫、脱贫攻坚的创新性成果，更是我国旅游地学与当地独特地质资源相结合的结果。但是，地质特色小镇尚未在全国创建。

二、实例分析——陕西铜川陈炉古镇建设地质特色小镇的可行性

作为地质地貌自然景观资源十分丰富的省份，能否借鉴上述经验建设陕西的地质特色小镇？作者认为可以将陕西铜川陈炉古镇建成全国陶瓷＋地质特色小镇，建成全国知名的室外及室内陶瓷博物馆、全国地学旅游研习基地，以鲜明特色吸引游客。

（一）陈炉古镇以陶瓷著称

陈炉古镇位于陕西省铜川市东南 15 公里处，为铜川市印台区所辖。宋代，中国瓷业蓬勃兴起，北方形成了定窑、钧窑、耀州窑、磁州窑四大窑系。陈炉古镇是宋元以后耀州窑唯一尚在制瓷的窑址，它有世界陶瓷界唯一留存的宋代陶瓷烧制技艺，有着深厚的历史文化底蕴。其烧造陶瓷的炉火 1000 多年来灼灼不息，形成“炉山不夜”的独特美景，是唯一连续烧造从未断烧的耀州窑系。

陈炉古镇陶瓷集生产、展示、销售为一体，吸引着广大专家学者、文化艺术界人士和中外游客前来考察参观，成为陕西省重要的人文景观旅游区，可以规划耀州窑博物馆—陈炉古镇—照金红色旅游—药王山旅游为一体的地学研习旅游路线。

（二）陈炉古镇地质背景独特

陈炉古镇地质上属于中国华北地台区，在距今 4 亿年前的早奥陶世末期，整体上升成陆地，经长期风化侵蚀，在奥陶系顶部（侵蚀面）形成风化残余型高岭土矿床。这是一种以高岭石为主要成分的黏土矿物，富含硅、锌、镁、铝等矿物质，化学分子简式为 $Al_4(Si_4O_{10})(OH)_8$，另外有铝土矿（$Al_2O_3 \cdot nH_2O$）沉积。直到距今 3 亿多年前的中石炭世初期下降经受海侵，形成华北下奥陶统与中石炭统之间长达 1.54 亿年的区域性平行不整合接触地质遗迹。

（三）陈炉古镇陶瓷因地质而兴

地质作用形成的高岭土和铝土矿都是陶瓷工业不可或缺的原料。正是因为有这样的地质背景条件，一千多年来，陈炉一直是重要的陶瓷小镇，显示出地质遗迹与人文景观的密切关系。

2006 年，陈炉古窑址被公布为第六批全国重点文物保护单位；同年，被列入首批国家级非物质文化遗产名录。2008 年，陈炉古镇被命名为第四批中国历史文化名镇，是陕西省目前唯一的一个中国历史文化名镇。同年，陈炉古镇被命名为中国民间文化艺术之乡。

（四）地质＋陶瓷，构成陈炉古镇地质文化的核心

陈炉古镇以精美的耀州窑陶瓷著称，其地质文化的核心是地质＋陶瓷。但是游客甚至专家学者来此多是欣赏陶瓷艺术，许多关于陈炉古镇旅游发展的研究中也未谈及其与地质的关系。缺少对陈炉陶瓷背后的地质缘由分析，人们对陶瓷文化的认识不够深入。

与陕西省其他特色小镇相比，陈炉古镇具有建设地质特色小镇的优势。精美的青瓷、独特的耀瓷烧制技艺都能反映出陶瓷与原材料高岭土的关系，这里面有很多故事可讲。如今的游客除了观光游览之外，他们更多的是希望获得知识，在陶瓷生产过程中会了解制作陶瓷的原料是什么，为什么要用高岭土制作陶瓷，高岭土哪里来的。如果能够挖掘出二者之间的紧密关系，将陶瓷文化的源头与地质联系起来，认识到地质遗迹对陶瓷文化的巨大影响，确立陶瓷文化也属于地质文化范畴的观念，这必将提升陈炉古镇的地学旅游地位。

（五）地质文化的展示内容

陈炉古镇地质文化展示内容可通过室外考察和室内博物馆展示两种形式体现。

1. 室外参观考察

室外参观考察内容包括：黏土矿物矿床（高岭土、铝土矿）产地，陈炉古镇周边的华北平行不整合剖面，陈炉镇外开采高岭土的掌子面遗址，现有开采面和生产流程等。

2. 室内博物馆展示

建立陈炉陶瓷博物馆作为耀州窑博物馆的分馆。博物馆展示内容包括：陈炉高岭土开采及陶瓷制作历史溯源、发展及前景展望；陈炉地质背景介绍；高岭土、铝土矿等黏土矿物标本展示及显微镜下矿物晶体形态、结构观察；陈炉陶瓷制作工艺、生产流程实地参观讲解；我国主要陶瓷产地的地质背景介绍、原料矿物的特征对比；游客亲自体验制作陶瓷品；陈炉精美陶瓷品集中展示等。

参考文献

[1] 庄寿强. 地质旅游学纲要[M]. 徐州：中国矿业大学出版社，2014.
[2] 吴桂武. 地学旅游对促进铜仁全域旅游的作用研究[J]. 知行铜仁，2019，(3)：29-34.
[3] 向宝惠. 加强旅游业生态文明建设，实现美丽中国[J]. 旅游学刊，2016，31(10)：5-7.
[4] 朱梅. 基于多样本潜在类别的旅游者生态文明行为分析——以苏州市为例[J]. 地理研究，2016，35(7)：1329-1343.
[5] 马勇. 中国旅游发展笔谈——旅游生态效率与美丽中国建设[J]. 旅游学刊，2016，35(9)：1.
[6] 崔蕾. 以新型城镇建设服务城市化进程[J]. 边疆经济与文化，2018，(11)：71-72.
[7] 李国宏，蒋晓铭，姚宏志，等. 以乡村振兴战略助推安徽特色小镇发展[J]. 中国商论，2019，(1)：173-174.
[8] 沈费伟. 适应性治理视角下特色小镇建设的路径选择——基于江苏省金坛市尧塘花木小镇的案例考察[J]. 中国名城，2019，(1)：39-46.

第十一章　地质公园与国家公园

第一节　国家公园概述

一、国家公园的相关概念

国家公园是指国家为了保护一个或多个典型生态系统的完整性，为生态旅游、科学研究和环境教育提供场所而划定的需要特殊保护、管理和利用的自然区域。它既能起到保护生态环境的作用，又能方便游览，还是开展多种科学研究的理想场所[1-3]。

国家公园的概念源自美国，由美国艺术家 Catlin 首先提出。1832 年，他在旅行的路上，对美国西部大开发对印第安文明、野生动植物和荒野的影响深表忧虑。他写道：它们可以被保护起来，只要政府通过一些保护政策设立一个大公园，一个国家公园，其中有人也有野兽，所有的一切都处于原生状态，体现着自然之美。之后，国家公园的概念即被全世界许多国家所使用。

需要强调的是，建立国家公园是国际通行的生态环境保护理念，而非旅游开发的概念。它既不同于严格的自然保护区，也不同于一般的旅游景区。国家公园有四项功能：提供保护性的自然环境、保存物种及遗传基因、供大众游憩及繁荣地方经济、促进学术研究及环境教育。

由此可见，国家公园将保护作为第一要务，一是保护自然环境的天然性和原始性，二是保护景观资源的珍稀性和独特性。国家公园对自然生态环境系统的保护有四个特点：保护对象从视觉景观保护走向生物多样性保护；保护方法从消极保护走向积极保护；保护力量从一方参与走向多方参与；保护空间从点状保护走向系统保护。因此，这里的保护较一般的保护更为科学、系统和严格。同时，国家公园也开展环境教育、科普和旅游。从管理体制而言，国家公园将生态环境系统保护上升到了国家层面。

根据 1974 年世界自然保护联盟（International Union for Conservation of Nature，IUCN）的认定标准，国家公园的设立标准是在面积不小于一千公顷的范围内，具有优美景观的特殊生态或特殊地形，具有国家代表性，且未经人类开采、聚居或开发建设的地区；为长期保护自然原野景观、原生动植物、特殊生态体系而设置的保护区；限制工业区开发、商业区及聚居的地区，并禁止在该区域从事伐林、采矿、设电厂、农耕、放牧、狩猎等行为；维护目前的自然状态，以作为现代及未来科学、教育、游憩、启智的地区。

二、国外国家公园的发展

世界上第一个国家公园——美国黄石国家公园(Yellowstone National Park)是为了保护怀俄明州、爱达荷州与蒙大拿州交界处的黄石火山自然景观而于1872年建立的,黄石国家公园拥有特殊的温泉地热景观和丰富的野生植物品种,是一处典型的地质公园。在全球1500多处国家公园中,以地质地貌景观为主要保护对象的公园占据了重要位置。地质公园与国家公园、世界遗产是一脉相承的,因此从这个角度来讲,国外对地质遗迹的保护由来已久,也为世界地质遗迹保护奠定了坚实的基础。下面以美国国家公园为例来说明。

(一)美国国家公园的建设

1. 设立及宗旨

1872年3月1日,美国国会通过了一项关于在怀俄明州、爱达荷州与蒙大拿州交界处建立黄石国家公园[4]的法令,至此世界上第一个国家公园即宣告建立。之后,美国又先后于1875年和1890年分别成立了麦基诺国家公园(Mackinac National Park)、红杉国家公园(Sequoia National Park)和优胜美地国家公园(Yosemite National Park)。1916年8月25日通过组织法成立了美国国家公园管理局(National Park Service,NPS),属于美国内政部(Department of the Interior)之下的一个联邦部门,负责管理为数众多且体系错综复杂的美国国家公园体系,其宗旨是设立一种为保留自然资源而划定的区域,保护其不受人类发展和污染的破坏。

自黄石国家公园设立以来,全世界已有一百多个国家设立了多达1200多处风情各异、规模不等的国家公园。

国家公园是一种能够有效协调生态环境保护与资源开发利用之间矛盾的保护和管理模式,不仅有力地促进了生态环境和生物多样性的保护,同时极大地带动了地方旅游业和经济社会的发展,实现了可持续发展。

2. 发展历程

美国国家公园体系发展经历了一个漫长的过程。从1916年开始,随着国家公园管理局设立,国家公园数量显著增长。1935年和1936年期间,更多的历史文化资源和休闲地加入国家公园体系,国家公园进入高速发展阶段。1963年前,国家公园发展经历了停滞到复苏的过程。1963～1985年,美国民众环境意识增强后,国家公园管理局开始注重保护生态系统。1985年至今,国家公园已经成为美国进行科学、历史、环境和爱国主义教育的主要场所,加强了与教育相关的软、硬件设施建设及人员安排,制定了严格的准入标准(表11.1)。

表 11.1　美国国家公园的四大准入标准[4]

标准	细化标准	备注
全国重要性	一个特定类型资源的代表，对于阐释美国国家遗产的主题具有独一无二的价值；可提供公众享受这一资源或进行科学研究的最好机会；资源具有完整性	需要同时满足四个评定细则
适宜性	代表的资源在国家公园体系是否已经得到充分反映；资源类型在其他保护地体系中是否得到充分反映	需要同时满足两个评定细则，采取个案分析的方法
可行性	足够大的规模、合适的边界；可以通过合适的经济代价对该候选地进行有效保护	考虑因素包括占地面积、边界轮廓、候选地及邻近地区土地所有权利用现状及预期 、公众参与的潜力、费用预算、可达性、现状威胁分析、人力资源情况、规划与区划因素、地方支持现状、项目的影响评估等
NPS 不可替代性	NPS 的职能不可替代	目前 NPS 鼓励其他机构在新资源保护地管理方面发挥作用，除非评估表明 NPS 的职能不可替代

3. 类型及数量

截至 2012 年，美国国家公园体系拥有 19 个类型，401 个属地，最大的国家公园是位于阿拉斯加州的朗格-圣伊利亚斯国家公园（Wrangell-St. Elias National Park），面积约 32000 平方千米。美国国家公园体系涵盖了美国的自然景观区、历史遗迹区、军事纪念地、自然保护区等众多类型，有以国家公园为代表的自然景观类型，有以国家纪念地和国家历史公园为代表的人文景观类型，还有以国家保护区为代表的生态景观类型。美国国家公园体系包括的类型很广，除了保护自然景观、生态环境之外，还允许开展以教育、文化和娱乐为目的的参观旅游活动。

（二）实例介绍

1. 黄石国家公园

黄石国家公园位于美国蒙大拿州北部，爱达荷州东部，怀俄明州西北部。面积 3468 平方英里①，建立于 1872 年，是世界上最早的国家公园。公园地质遗迹包括火山角砾岩、火山灰、熔岩、地热（间歇泉、热喷泉、喷气孔及泥浆、钙华阶地）、黄石湖、黄石大峡谷、瀑布、冰川遗迹等，其中老实泉久负盛名。在黄石大峡谷中，奇异的黄色岩石成为黄石公园得名的原因。黄石公园内有多种在其他景区或其他地方很少见到的野生动物，如野牛、黑熊、灰熊、狼等。

① 1 英里≈1.609 千米。

由于公园内有众多的地质遗迹、森林植被、河流湖泊，自然特征、原始气息浓厚，应尽量减少人为扰动以最大限度地保护和展现自然景观的原真性。黄石国家公园内有大片腐朽树木随意倒下而无人过问，游客到此的第一感觉是回到了真正的自然界，与大自然亲密接触而不会感到是管理不善。这是顺应自然界的变化规律而不是进行人为干预，因为不干预才是对自然界的尊重。

2. 大峡谷国家公园

大峡谷国家公园(Grand Canyon National Park)是美国西南部的国家公园，位于亚利桑那州的西北角，因科罗拉多河耗费数百万年所切割出来的科罗拉多大峡谷景观而闻名于世。整个峡谷为东西走向，深达1500米，总长349千米，宽度从最窄的6千米到最宽的25千米。1919年2月26日，美国国会通过法案，正式将大峡谷最深、景色最壮丽的一段，长度约170千米的区域，设立为大峡谷国家公园，并建立了步道系统、生态与地质学的教育研究系统。大峡谷国家公园是美国第二大受欢迎的国家公园，2011年游客接待量为400多万人次。

3. 大沼泽地国家公园

大沼泽地国家公园(Everglades National Park)位于美国佛罗里达州南部，是美国最大的亚热带荒野地和第三大国家公园。1979年，大沼泽地国家公园被联合国教科文组织列入世界遗产，同时是世界遗产地、国际生物保护圈和国际重要湿地。大沼泽地国家公园内动植物资源十分丰富，有橡树、八角莲、巴婆、野生橘、野生橡胶树等植物和水鸟、鳄鱼、水獭等动物。它是北美水鸟重要栖息地和最大的红树林生态系统，保护着佛罗里达豹、美洲鳄鱼等在内的36种受威胁或濒临灭绝的动物，是350多种鸟类、300多种淡水鱼的繁殖基地。该公园是美国最受欢迎的国家公园之一，2011年游客接待量为94万人次。

4. 石化林国家公园

石化林国家公园(Petrified Forest National Park)，又称为石化森林国家公园，为美国西南部的一座国家公园，是世界上最大的硅化木森林，大部分硅化树木属于生存于三叠纪晚期的南洋杉科南洋杉型木属。石化林国家公园成立于1962年，其前身是成立于1906年的国家纪念区。该国家公园分为南北两大部分，由一条南北向的公路连接，而中间刚好被40号州际公路贯穿。公园南区主要是大量的硅化木森林，还有被称为彩绘沙漠的山地景观和早期印第安人遗址，在末端有一间玛瑙屋，这是一间由硅化木构成的天然建筑，曾经在20世纪30年代被重建。北区主要包括颜色多变的侏罗纪早期的秦里层(chinle formation)，如同彩绘沙漠一般。该公园属于美国较受欢迎的国家公园，2011年约有60万人次的游客接待量。

三、中国国家公园的发展

中国国家公园是生态文明建设的重要战略需求，是生态文明制度建设的先行试验区、生态文明八项基础制度因地制宜的创新实践区。要梳理中国国家公园的发展脉络，首先需要结合中央相关文件和改革制度进行分析。

2013 年 11 月，中共十八届三中全会首次提出了建立国家公园体制，目的在于严格按照主体功能区划推动我国区域经济发展。2015 年 1 月，国家发展和改革委员会等十三个部委提出了《建立国家公园体制试点方案》，3 月，国家发展和改革委员会办公厅发布了《国家公园体制试点区试点实施方案大纲》，这两个文件中优先确定了 9 个试点区，试点的目标是保护为主、全民公益性优先，体制改革的方向是统一、规范和高效的国家公园体制建设，这成为国家公园体制试点的总体指导性文件。2015 年 9 月，《生态文明体制改革总体方案》出台，提出建立国家公园体制，加强对重要生态系统的保护和永续利用，国家公园实行更严格的保护等。此方案是从制度角度对生态文明建设的顶层设计。2016 年 3 月，在《"十三五"规划纲要》中提出整合设立一批国家公园。2016 年 12 月，中央全面深化改革领导小组第三十次会议审议通过《大熊猫国家公园体制试点方案》、《东北虎豹国家公园体制试点方案》，标志着中国国家公园进入空间整合和体制整合阶段。2017 年 9 月，《建立国家公园体制总体方案》指出坚持生态保护第一，具有国家代表性、全民公益性的国家公园理念，坚持山水林田湖草是一个生命共同体，构建以国家公园为代表的自然保护地体系。2017 年 10 月，党的十九大报告提出，建立以国家公园为主体的自然保护地体系[5]。

第二节　对比视角下中国地质公园发展分析

美国虽没有设立地质公园，但美国国家公园的资源保护与利用理念、建设内容和运作方式，与中国地质公园更为相似，所以通过对比二者异同，以进一步促进中国地质公园发展。

一、管理体制

（一）美国国家公园管理体制

美国国家公园管理分为两个层次：一是国家立法管理；二是公园经营管理。在国家立法管理上，采用垂直管理模式。集权式管理是美国国家公园管理体制的特色，是全球较完善的国家公园管理模式[6-9]。美国国家公园体系统一由内政部国家公园管理局（National Park Service，NPS）领导和经营管理，减少地方政府对国家公园的参与和决定权。设在华盛顿特区的国家公园管理局为中央机构，下设跨州的地区局为国家公园的地区管理机构，负责分片区管理所辖地区的国家公园。在每座基层国家公园内实行园长制，作为国家公园的基层管理机构，公园下设若干处，对公园进行全面管理。实行中央、地区、基层三级自上而下的垂直管理。国家公园管理局代表国家直接管理全国各个国家公园的行政、人事任免、业务技术、旅游经营、规划建设等事宜。各个国家公园的运作与各州、市政府没有直接关系。各公园本身运转的经费，一方面靠预算拨款，实行收支两条线，采取只管理不经营的政企分开方式，公园经营所得收入，全部上交中央财政部（Department of the Treasury）；另一方面会得到内政部渔业和野生生物局（US Fish and Wildlife Service）、土地管理局（Bureau of Land Management）、印第安事务部（Bureau of Indian Affairs）等的资助。目前，全球不少国家和地区的国家公园也采取这种管理体制，如挪威、泰国和日本。

美国国家公园设计规划的最高宗旨是切实保护好国家公园的自然景观资源和人文景观资源，把国家公园当成大自然博物馆。因此，国家公园的规划设计由国家公园管理局下设的丹佛规划设计中心负责。丹佛规划设计中心的技术人员不仅包括风景园林、生态、地质、水文、气象等各方面的专家学者，还有经济学、社会学、人类学家。规划设计在上报前，首先要向地方及州的当地居民广泛征求意见，否则参议院不予讨论。规划的事前监督与事后执行相呼应，体现了其管理体系的周密与协调，也保证了规划设计的科学性与公开性[10,11]。公园管理人员由总局直接任命、统一调配，职员要求有大学本科以上学历，必须经过岗位培训，要求掌握国家历史、游客心理学、资源保护、生态学、考古学、法律学、导游和救生知识等，以保证规划设计的长久性。

（二）中国地质公园管理体制

中国地质公园实行自然资源部统一下的垂直管理体制。从纵向角度看，分为三个管理层级：第一层级是自然资源部，代表国家履行地质遗迹资源所有者职责，国家林业和草原局、国家公园管理局是地质公园的管理职能部门；第二层级是各省、市的自然资源厅、林草局，负责具体省份的地质遗迹保护和地质公园管理；第三层级是每个地质公园的具体管理机构，负责地质公园和地质遗迹的具体管理职责[11]。

二、遗迹资源保护管理

（一）美国国家公园遗迹资源保护管理

严格的遗迹保护制度。通过对各类遗迹资源土地权和产权的支配，严格限制公园空间内不属于公益服务的经营内容，国家公园管理局明确规定：国家公园本质上是非商业性的，所有的功利行为都不得存在。美国国家公园拥有种类繁多、价值突出的地质遗迹，其保护方式严格。且公园保护范围内几乎没有商业活动。

限制性商业开发。美国将国家公园确定为独立的土地用户，公园内限制一切与国家公园无关的用地方式，土地征用必须遵循国家公园的相关法律规章。在大沼泽地国家公园，游客可以乘坐风力汽艇，深入沼泽地腹地欣赏独特的湿地景观；在大峡谷国家公园，游客可以徒步穿越整个峡谷；在石化林国家公园，游客能置身于各种硅化木遗迹集中区，近距离触摸形态万千的硅化木。与之相反，在一些公园遗迹保护范围内，严格限制商业活动和硬件设施建设。大峡谷国家公园为游客规划了几个小时、半天、一天、两天及两天以上的旅游线路，无论哪种线路都不涵盖餐饮、住宿等商业活动。石化林国家公园在每天闭园前要清退所有游客，因为公园内没有任何住宿、餐饮和休息场所。如此严格地控制商业活动，避免了由于大量游客集中而带来的遗迹破坏和景区环境恶化，最大限度地保护了地质遗迹。

（二）中国地质公园遗迹资源保护管理

我国地质公园主要任务是对地质遗迹的展示与保护，主要体现在地质公园规划和地质遗迹保护区建设两个方面。

地质公园规划要先对拟建地质公园中的地质遗迹进行详细的调查研究，包括地质遗迹的类型、内容、规模、分布等，对其典型性、稀有性、自然性、系统性和完整性等进行充分论证，并评价其科学价值、经济价值和社会价值，然后据此制定科学可行的保护措施。

在地质公园建设时，依据地质遗迹的科学性、景观性、易损性特点将地质遗迹保护区划分为特级保护区、一级保护区、二级保护区和三级保护区，旨在不仅保护有科学价值的地质遗迹，也要保护有观赏价值的地质遗迹景观。

三、公益性与科普教育

（一）美国国家公园的公益性与科普教育

1. 美国国家公园的公益性建设

美国形成了以公益性为取向的国家公园管理体系，这一点通过国家公园的各项收费制度可以体现。

美国国家公园向游客收取的费用主要包括门票费、住宿费、营地使用费、活动费等。多数国家公园都收取门票费，费用由不到 1 美元至 25 美元不等，住宿费每晚约 20 美元。例如，黄石国家公园的入园费是 25 美元，有效期为 7 天。国家公园管理局负责公园的门票定价管理，定价方式主要基于两方面：一是游客数量，对于游客数量众多的国家公园，采取高价门票费的策略（如黄石国家公园、优胜美地国家公园、大峡谷国家公园等），而游客数量较少的公园则采取低价门票费和免门票的策略；二是交通工具，由于国家公园的面积一般比较大，游客须借助交通工具入园，许多国家公园以车辆为单位收取门票，步行者或骑行者的门票另行计费，例如，大峡谷国家公园的门票是每辆车 25 美元，而步行者和骑自行车、骑摩托的门票仅 12 美元。当然，也有一些公园是根据游客人数收取门票费的。近年来，美国国家公园门票的收费标准也有增长的趋势。

美国国家公园的住宿费、营地使用费、活动费等多属于商业服务性收费，并且也要控制收费范围，例如，优胜美地国家公园有较好的营地设施，营地使用费一般控制在 10～20 美元。特许经营商运营的营地基础设施较好，收费也较高。但一些偏远、无饮用水提供的营地则不收营地使用费。具体的收费方式由各个公园决定，同一营地也会根据游客特征采取差别定价，甚至对于使用时限也有差异。

国家公园内住宿设施的产权通常属于国家公园管理局，经营权归企业、组织或个人所有。国家公园管理局负责监督住宿设施的运营情况，包括房间、食品、旅行、纪念品售卖等项目的经营。

游客进入国家公园后，步行、与护林员交流、营地项目、游客中心的展览与视频观赏等一般不收费，有些公园的区间车费用也包含在门票费中。但由公园的特许经销商经营的项目一般是要收费的，例如，冰川国家公园的冰河公园由冰河公园公司特许经营，负责公园内 7 家饭店、5 个零售礼品店、1 个高尔夫专卖店、4 个营地商店以及冰河公园观光车等项目的经营。公园的经营收益全部上缴联邦政府，与国家公园管理局脱钩，避免国家公园产生“重赢利、轻保护”的结果。

2. 美国国家公园的科普教育

美国国家公园的游客管理目标，是让游客能安全地游览，并对可进入性、可获得性以及对公园设施、服务的质量感到满意，为实现此目标，美国国家公园十分注重科普教育。

针对游客、教师、青少年等不同游客，公园有针对性地制作了集科普传播、爱国教育于一体的解说系统，讲解自入园开始持续到游览结束，形式多样，内容丰富，包括室内外展示、出版物、多媒体等多种方式，力求提高游客素质、环保意识。

公园内鼓励开展规范的科研调查，不断与高校、科研院所、私人基金会、企业和个人等加强科研合作，通过科研活动挖掘国家公园的科学价值，提高游客科普教育的水平。

（二）中国地质公园的公益性与科普教育

1. 中国地质公园公益性建设

中国地质公园赋有的公益属性弱化明显。由于地质公园在中国的建设和发展时间较短，社会各界特别是管理部门对于如何系统地认识和管理地质公园依旧处于探索阶段，在日常工作中往往简单地将地质公园作为保护区来管理，或者作为旅游景区来开发建设。对于地质公园作为国有自然资源赋有的公益属性认识不足，从而造成了地质公园公益性弱化明显。

地质公园的社会公益价值实现途径和方式单一。全国范围内仅一部分发展较好的地质公园建立了以日常地球科学普及教育和科学研究为核心的社会公益推广常态化机制，绝大多数地质公园由于经费短缺、专业人才队伍严重不足等因素的影响未能开展常态化科普等形式的公益性活动。

门票经济制约地质公园公益价值的推广和实现。中国地质公园的建设资金主要来源于中央财政和地方政府自筹，但由于中央财政支持力度有限，地质公园所处的地区经济都较为落后，地方财政负担较重。我国多数地质公园将门票、基本经营项目等以协议的形式委托特许企业来经营管理，以门票为核心的公园产业经济成为了企业的主要收入来源。企业实施的"门票经济"虽然缓解了公园发展经费短缺的困境，但高昂的门票也在很大程度上阻碍了公众进入公园享受国有自然资源权益的机会。为此，以收取高额门票为代表的"门票经济"不仅限制了地质公园的社会公益属性，也限制了地质公园社会公益价值的推广和实现[11]。

2. 中国地质公园科普教育

开展科普教育活动是我国地质公园设立的三大任务之一。《国家地质公园规划编制技术要求》中规定，中国地质公园应以普及地球科学知识、提高公众科学素养为基本原则，从以下三方面开展科普教育：一是乡土科普活动。制定面向中小学生的乡土科普教育，环境友好教育，组织青少年春游、秋游、夏令营、冬令营及其他专题性科普活动，提出建立青少年科普教育基地计划。二是教学实习活动。制定面向大中专学生及科研机构的教学活动计划。提出与有关院校科研学术机构合作建立教学实习、科研基地的计划。三是面向大众游客的专项科普活动。根据其专项科普活动的需求，对游客构成、活动条件进行可行性分析，编制具体科普活动计划。

四、立法与保障体系对比

（一）美国国家公园的立法与保障体系

1）多层次的立法结构

美国有 24 部针对国家公园体系的国会立法及 62 种规则和标准，而且各个国家公园均有专门法。国会和总统有权颁布授权令划定国家公园的界域，内政部根据法律参照实际情况拟定各部门规章，国家公园管理局负责执行法律、法规框架下的具体决策，其他联邦、州及地方机构可以参与国家公园的管理，但不具备行政执行权。同时，公园的重大举措必须向公众征询意见甚至在一定范围进行公决，以实现多数人利益的最大化。

2）联邦政府的财税支撑

在一定程度上完善的法律架构确保了国家公园体系在联邦财政支出中的地位，联邦财政支持保障了国家公园作为公益机构的存在与发展。国家公园体系的日益壮大无疑加大了联邦政府的财政压力，当前国家公园管理局面临的最大困难仍是公园维护及保护经费的短缺，而且国家公园和游客数量的增加进一步加大了公园的环境压力和维护成本。研究表明，在过去的20年中，由于财政支持不足，已导致50亿美元的资金缺口，公园只能减少管理人员、减少保护的动植物种类、削减公共教育项目等。但另一方面，美国社会捐赠机制日渐成熟、民众对地质遗迹也高度认同，社会捐赠在国家公园财政体系中的比例不断提高，大大减轻了联邦政府的财政负担，社会参与的深度发展反过来保障了公益性取向的维系。

3）形式多样的从业队伍

在1950年前，美国的国家公园中几乎由公园护林员承担了所有的工作，他们清扫垃圾、操作重型设备、对抗森林大火、管理公园内的交通、修整道路和步道、为游客提供信息、管理博物馆、组织营救，甚至监管犯罪行为等。目前，美国国家公园管理局约有2万名职工，包括正式职员、临时雇员和季节性雇员，另外还有志愿者。正式职员主要由公园护林员、公园管理者、公园警察、急救人员、调度员（应急呼救、交通调度、服务调度等）、维修人员（包括木工、水工、泥瓦工、电工、各种机械操作人员、劳动者等）、规划者、建筑师、工程师、景观师、资源管理者（考古学家、生态学家、植物学家、土壤学家、地质学家等）、历史工作人员（馆长、历史学家、保护技术人员、历史建筑学家、案卷保管员）、火灾管理工作人员（管理人员、气象专家、消防人员）、公共事务管理人员、律师、行政人员（人力资源、财政、信息技术管理）等构成。1969年，国家公园管理局依据《国家公园管理处组织法》启动了公园志愿者计划（Volunteers in Parks Program），面向全社会招募国家公园志愿者，有意者可以通过网络搜索志愿者岗位，每个公园也会面向社会提供实习生的岗位，以充实自身的人力资源队伍。根据国家公园管理局数据，2004年美国390多个国家公园单位共有约14万名的公园志愿者贡献了约500万小时协助公园工作，相当于增加了2403名雇员岗位，创造8590万美元的价值。2008年，志愿者队伍总人数达到248万人，比2004年高出近17倍。国家公园越来越依赖志愿者弥补其自身人员和经费预算的不足。

4）多层次规划体系

美国国家公园的规划历经物质形态规划阶段（20世纪30～60年代，强调基础设施建设与视觉形象）、综合行动计划阶段（20世纪70～80年代，以资源管理为主要规划对象，注重行动计划的影响，引入社区参与机制）和进入决策体系阶段（20世纪90年代以后），形成由总体管理规划、战略规划、实施计划和年度执行计划多层次的规划体系。国家公园的各层次规划和施工监理工作由国家公园管理局下设的丹佛规划设计中心承担，规划团队由来自园林、生物、水文、气象、社会与经济等方面的专家和学者构成。

（二）中国地质公园的立法与保障体系

我国"国家地质公园"概念的提出时间比联合国教科文组织早十多年，最早是在 1985 年 11 月地质矿产部在长沙召开的首届地质自然保护区区划与科学考察工作会议上提出的。此后，相继出台了一些关于地质遗迹保护的法规、管理办法等规范性文件。

1)《关于建立地质自然保护区规定(试行)的通知》

1987 年 7 月地质矿产部下发《关于建立地质自然保护区规定(试行)的通知》第 10 条规定，根据第 7 条列出的条件，地质自然保护区按保护形式分为不同类型，如重要保护区、一般保护区、国家地质公园、典型造型地貌和景观地貌保护区等。该规定把地质公园作为地质自然保护区的一种方式提了出来。

2)《中华人民共和国自然保护区条例》

该条例第 10 条规定，凡具有下列条件之一的，应当建立自然保护区：典型的自然地理区域、有代表性的自然生态系统区域以及已经遭受破坏但经保护能够恢复的同类自然生态系统区域；珍稀、濒危野生动植物物种的天然集中分布区域；具有特殊保护价值的海域、海岸、岛屿、湿地、内陆水域、森林、草原和荒漠；具有重大科学文化价值的地质构造、著名溶洞、化石分布区、冰川、火山、温泉等自然遗迹。该条例规定了对有重大科学文化价值的地质构造、著名溶洞、化石分布区、冰川、火山、温泉等自然遗迹应以建立自然保护区的方式进行保护。

3)《地质遗迹保护管理规定》

1995 年 5 月，该规定由地质矿产部颁布实施。其中第 8 条规定，对具有国际、国内和区域性典型意义的地质遗迹，可建立国家级、省级、县级地质遗迹保护段、地质遗迹保护点或地质公园，以下统称地质遗迹保护区。此规定进一步把地质公园作为地质遗迹保护区的一种方式。

4)《关于国家地质遗迹(地质公园)领导小组及机构人员组成的通知》

2000 年 8 月国土资源厅发布《关于国家地质遗迹(地质公园)领导小组及机构人员组成的通知》，正式成立了国家地质遗迹(地质公园)领导小组，领导小组下设办公室，挂靠国土资源部地质环境司。

5）国家地质公园系列文件

2000年9月，国土资源厅发布《关于申报国家地质公园的通知》，通知详细规定了国家地质公园申报、评审、批准等一系列工作的要求和规定，同时制定了国家地质公园徽标图案。至此，有关地质公园的申报、评审工作得到进一步规范。

6）《中国国家地质公园建设工作指南》

2006年10月由国土资源部地质环境司出版了《中国国家地质公园建设工作指南》。该指南详细规定了地质公园建设的各项要求与工作标准，使我国地质公园建设走向了规范化的道路。

7）《国家地质公园规划编制技术要求》

为了加强国家地质公园建设，有效保护地质遗迹资源，促进地质公园与地方经济的协调发展，国土资源部2016年发布了《国家地质公园规划编制技术要求》。该要求进一步完善和优化了我国地质公园规划的内容、地质遗迹保护、科普教育、信息化建设等，是指导我国地质公园建设的重要依据。

8）《国家级地质遗迹保护专项资金管理办法》

2013年3月6日，财政部、国土资源部发布《国家级地质遗迹保护专项资金管理办法》。该办法分总则、支出范围、预算管理、财务管理、监督检查、附则6章31条，从根本上保障了地质遗迹保护资金的使用及管理。

9）地方性标准制定

2015年，陕西省质量技术监督局发布了陕西省地方标准《地质公园建设规范》(DB 61/T 989—2015)，规范了省级地质公园申报、地质遗迹保护建设、地质公园规划、智慧地质公园建设、地质公园管理、大型建设工程项目对地质公园地质遗迹影响评价等工作内容及要求标准，是全国首个地方性地质公园规范，是陕西省地质公园申报、建设、审批和规划的重要依据。

五、解说系统建设

美国国家公园的解说系统发展较成熟，在解说牌的设计上体现为经济实用、朴实无华、就地取材、解说通俗、传递科学、科普教育、重视少儿的风格。解说牌内容丰富，图文并茂，解说内容并不局限于自然景观，也介绍人文地理、动植物，文字比较简练，如图11.1所示。

美国国家公园的解说牌虽有统一的式样，但警示牌则花样繁多，常就地取材而不拘形式，树根、木板、木条、铁杆等都可做成解说牌，追求融入自然。

美国国家公园大门壮观，设计讲究，以简约、大方、实用为主要特色，值得我国地质公园借鉴。

图 11.1 美国国家公园解说牌

第三节 地质公园与国家公园的对接

一、地质公园与国家公园发展理念吻合

地质公园强调两个保护，即原生态系统保护和地质遗迹保护；两个协调，即人为活动与生态环境协调和地质遗迹与孕育环境背景协调；一个确立，即确立“环境兴旅”目标。国家公园是指为了保护一个或多个典型生态系统的完整性，为生态旅游、科学研究和环境教育提供场所，而划定的需要特殊保护、管理和利用的自然区域，理念是保持国家公园自然状况的天然性和原始性，景观资源的珍稀性和独特性。因此，国家公园和地质公园首先是保护，以生态系统保护为主，旅游开发为辅。

地质公园保护、科普、促进发展的三大任务更符合国家公园的建设理念。

鉴于此，二者可以对接融合，地质公园为国家公园建设提供了丰富的实践经验，成为我国国家公园建设的重要组成部分。

二、促进旅游地学成为国家公园的重要学科支撑

旅游地学是地质公园发展的学科基础，也是旅游地学与实践结合的平台。

旅游地学追求的科学性有助于提升国家公园的保护水平，提升国家公园生态系统的科学价值。当然，国家公园保护的是某种生态系统的完整性，比地质公园保护地质遗迹要广，为适应国家公园建设的需要，旅游地学研究领域应包括植物、土壤、气候、水文等诸多学科内容。不应仅局限于地质地貌，更要体现地学特征。

国家公园的发展需要旅游地学的支撑，主要体现在以下几个方面。

（1）国家公园的科学解说系统建设、科学导游人员的知识培训都需要旅游地学提供理论知识支撑。

（2）地质旅游资源的调查、评价、研究和开发规划有助于国家公园中资源的专业调查、评价，以达到再认识和合理开发利用的目的。

（3）根据旅游地学理念对国家公园进行规划和生态环境保护设计。

（4）旅游地学专家是国家公园建设的智囊团，也是承担国家公园旅游地质工程、国家公园的地质环境和灾害评估、地质灾害防治、水源勘察等项目的主力军。

总之，旅游地学要未雨绸缪，积极提升学科地位，使其成为国家公园的重要学科支撑。目前要做的工作是让社会了解和认识地质公园和旅游地学。期待旅游地学为国家公园服务，在一个更广阔的空间中发展壮大。

参考文献

[1] 陈安泽. 旅游地学大辞典[M]. 北京：科学出版社，2003.
[2] 马勇，李丽霞. 国家公园旅游发展：国际经验与中国实践[J]. 旅游科学，2017，31(3)：33-50.
[3] 郝俊卿. 美国国家公园管理及遗迹保护探析[J]. 陕西地质，2013，31(1)：76-79.
[4] 张海霞. 国家公园旅游规制研究[D]. 上海：华东师范大学，2010.
[5] 苏杨，何思源，王宇飞，等. 中国国家公园体制建设研究[M]. 北京：社会科学文献出版社，2018.
[6] 张海霞，汪宇明. 旅游发展价值取向与制度变革：美国国家公园体系的启示[J]. 长江流域资源与环境，2009，18(8)：738-744.
[7] 吴文智，赵磊. 美国公共景区政府规制经验评价及对我国的启示[J]. 管理现代化，2013，(2)：125-128.
[8] 李晓琴. 地质公园创新管理模式探讨[J]. 中国国土资源经济，2011，24(1)：44-46.
[9] 郑敏，张家义. 美国国家公园的管理对我国地质遗迹保护区管理体制建设的启示[J]. 中国人口、资源与环境，2003，13(1)：37-40.

[10] 王蕾，苏杨. 从美国国家公园管理体系看中国国家公园的发展(上) [J]. 大自然，2012，(6)：23-24.
[11] 李晓琴. 基于利益相关者理论的国家地质公园管理体制研究[J]. 国土资源科技管理，2013，30(1)：97-101.

彩　　图

图 1　西岳华山(中国陕西渭南)

图 2　冰川角峰、刃脊(瑞士铁力士山)

图 3　黄河太极湾曲流(中国陕西清涧)

图 4　绚丽的黄土微地貌(中国山西碛口)

图 5　大型板状斜层理(中国陕西志丹)

图 6　六方柱状节理玄武岩(美国怀俄明州)

图 7　网纹状红色石灰岩石脊溶槽型石芽(中国陕西汉中黎坪)

图 8　艾尔斯奇石(澳大利亚)

图 9　壶口瀑布彩虹(中国陕西宜川)

图 10　网纹状构造石形成的龙鳞石(中国陕西汉中黎坪)

图 11　圈子崖超级天坑(中国陕西汉中镇巴)

图 12　仙鹊桥瀑布(中国陕西秦岭)

图 13　熔岩被(美国夏威夷大岛基拉韦厄火山)

图 14　熔岩流直抵太平洋(美国夏威夷大岛)

图 15　丹霞陡壁中的洞穴崖居(中国陕西旬邑)

图 16　流水侵蚀形成的壶穴(中国福建福安)

图 17　海浪侵蚀形成的蜡烛台(中国台湾野柳)

图 18　黄土柱(中国山西碛口)

图 19　两组剪切节理形成的锯齿状崖壁(中国陕西韩城)